全国高等院校应用型创新规划教材·计算机系列

3ds Max 2016 动画设计案例教程

李文杰 李 铁 张 莉 主 编

U0347380

清华大学出版社

北 京

内 容 简 介

3ds Max 2016 是 Autodesk 公司推出的面向个人计算机的主流三维动画制作软件，在用户界面、建模特性、材质特性、动画特性、高级灯光、渲染特性等几个方面性能卓越，极大地提高了三维动画制作与渲染输出过程的速度和质量；功能界面划分更趋合理，在三维动画制作过程中的各个功能任务组井然有序地整合在一起。

本书力求理论联系实践，通过精心设计的 7 个三维动画设计实例，详细讲述了使用 3ds Max 2016 软件制作日常生活中常见物品以及电影级超写实自然景观的方法与技巧；制作电影级超写实山脉环境、深海环境的方法与技巧；制作电影级海面风暴特效的方法与技巧；电影级超写实机枪金属弹壳掉落的方法与技巧等内容。还介绍了如何利用 Mental Ray、V-Ray 等高级渲染器对编辑完成的三维动画进行电影级的超写实渲染输出。本书在讲述过程中，将三维动画制作过程中常用的具有代表性的功能进行系统详细的讲解，使读者在学习完本书后能够举一反三，独立完成专业的三维动画短片、虚拟现实仿真、建筑漫游动画、室内外设计与展示设计等商业项目。

本书适用于动画及数字媒体专业的研究生、本科生以及三维动画游戏制作爱好者阅读和自学，也可以作为动画及数字媒体专业人士的参考书籍。

图书在版编目(CIP)数据

3ds Max 2016 动画设计案例教程/李文杰，李铁，张莉主编. —北京：清华大学出版社，2018
(全国高等院校应用型创新规划教材·计算机系列)
ISBN 978-7-302-47881-2

Ⅰ. ①3… Ⅱ. ①李… ②李… ③张… Ⅲ. ①三维动画软件—高等学校—教材 Ⅳ. ①TP391.41

中国版本图书馆 CIP 数据核字(2017)第 184726 号

责任编辑：汤涌涛
封面设计：杨玉兰
责任校对：周剑云
责任印制：刘海龙

出版发行：清华大学出版社
　　　　网　　址：http://www.tup.com.cn, http://www.wqbook.com
　　　　地　　址：北京清华大学学研大厦 A 座　　　　邮　编：100084
　　　　社 总 机：010-62770175　　　　邮　购：010-62786544
　　　　投稿与读者服务：010-62776969, c-service@tup.tsinghua.edu.cn
　　　　质量反馈：010-62772015, zhiliang@tup.tsinghua.edu.cn
　　　　课件下载：http://www.tup.com.cn, 010-62791865

印 装 者：三河市铭诚印务有限公司
经　　销：全国新华书店
开　　本：185mm×260mm　　印　张：18.25　　字　数：439 千字
版　　次：2018 年 1 月第 1 版　　印　次：2018 年 1 月第 1 次印刷
印　　数：1～2500
定　　价：43.80 元

产品编号：073045-01

前　　言

如今虚拟仿真互动技术的发展日新月异，已经可以实现多种自然界中的动植物和大自然场景的虚拟仿真模拟。然而不论是沉浸式的游戏开发与制作还是虚拟仿真模拟的视觉效果，都离不开三维动画技术中的建模与渲染环节，因此高等院校动画专业中的三维动画技术课程对未来动画游戏与虚拟仿真互动技术人才的培养有着重要意义，新技术、新意识形态、新艺术表现形式等都给动画教育提出了新的课题。

本书是在动画教育的办学理念、人才培养目标、教学模式、学科建设、课程体系、教学内容等方面不断进行改革创新的研究，并结合了教学积累与实践经验的总结，吸收了国内外动画创作、教育的前沿成果。在教材的编写过程中，注重理论与实践相结合、动画艺术与技术相结合，并结合动画创作的具体实例进行深入分析，强调可操作性和理论的系统性。在突出实用性的同时，力求文字浅显易懂、活泼生动。

3ds Max 2016 是 Autodesk 公司推出的著名三维动画制作软件，在用户界面、建模特性、材质特性、动画特性、高级灯光、渲染特性等几个方面性能卓越。3ds Max 2016 是三维动画特效制作的首选利器，利用高级灯光、视频合成、粒子流、高级渲染器等工具，可以极大地提升三维动画特效制作的质量。

本书通过一系列精心设计的三维动画设计案例，系统、详细地讲述了在 3ds Max 2016 中如何制作日常生活中常见的物品及超写实的自然景观；如何制作科幻电影中连绵的超写实山脉、逼真的深海环境、视频合成效果等；还介绍了如何利用 Mental Ray、V-Ray 等高级渲染器对编辑完成的三维动画进行电影级的超写实渲染输出。

本书由天津工业大学李文杰、李铁及湖南应用技术学院张莉主编。李文杰的主要研究方向为三维动画技法、VR 虚拟现实，2013 年主编《三维动画特效》与《三维动画技法》两部"十二五"省部级规划教材，在业界深受好评；2014 年，李文杰作为第一指导教师指导教育部国家级大学生创新创业训练计划项目，同时该创业项目在第五届全国大学生三创赛中荣获最佳创业奖；2015 年，其艺术创作作品成功入选由文化部与科技部联合主办的全国文化产业人才创意创业扶持计划，同时该作品在我国国家级展会——义乌国际博览会展出，得到中外业界的高度评价。此外，作者曾指导学生获得国家级与省部级一等奖和二等奖共计 15 项。

衷心希望这本教材能够为早日培养出动画、游戏、虚拟现实仿真人才，实现动画、游戏、虚拟现实仿真王国中"中国学派"的复兴尽一点绵薄之力。

由于编者水平有限，书中难免存在疏漏和不足之处，希望广大读者和同行批评指正。

编　者

目录

第 1 章

电影级超写实场景与灯光

本章要点

● 在三维动画场景中创建环境光源对象的原则，以及点光源、目标聚光灯、天光等不同类型灯光的创建方法和调节技巧。

● 在三维动画场景中利用全局光照系统里的光线追踪技术与光能传递技术来模拟真实世界中不同光源照射效果的方法与理论依据。

学习目标

● 识记 3ds Max 2016 软件中标准灯光区域照明功能的特性与真实玻璃材质参数的设置方法与技巧。

● 掌握在三维动画场景中通过光能传递技术与场景氛围的营造技巧相结合来完成真实的三叶草微缩梦幻场景效果的制作方法。

● 掌握在 3ds Max 2016 软件中材质编辑器面板设置光线追踪材质参数的方法以及半透明通道参数的设置技巧。

1.1　场景灯光设置原则

光源对象是 3ds Max 2016 中的一种特殊类型对象，用于形成场景的光环境(室内、室外或影棚中的光照环境)。光源对象既可以隐藏在场景之外，照亮场景中的对象，也可以直接显示在场景中，模拟真实世界中的光源对象，如图 1-1 所示。

图 1-1　美国三维动画电影《疯狂原始人》中的场景设计

灯光是创建真实世界视觉感受和空间感受的最有效手段之一，正确的灯光设置为最终的动画场景增添重要的信息与情感。例如低明度、冷色调、低反差的灯光可以表现悲哀、低沉或神秘莫测的场景效果；而明艳、暖色调、阴影清晰的灯光适于表现热烈的场面，场景中对象的材质效果往往也依赖于适当的环境布光。对电影领域灯光技术懂得越多，就越能独创性且有效地使用 3ds Max 2016 中的灯光。

在自然世界中，太阳的白色光是由红、橙、黄、绿、青、蓝、紫多种单色光混合而成的复色光。为了创建三维动画场景的特殊气氛，尽量避免只使用白色灯光照明场景，可以根据环境气氛的需要为每盏灯加入淡淡的基调色彩。

在调节灯光的色彩时，应当注意光色混合的规律与物质性的色彩颜料不同，光的三原色是朱红、翠绿、蓝紫，所谓三原色光是指这三种色光可以混合产生自然界中的所有其他色光，而这三种色光本身不能被其他色光混合产生。三原色光的混色规律依据加光混合原理，朱红色光与蓝紫色光混合形成品红色光；朱红色光与翠绿色光混合形成黄色光；蓝紫色光与翠绿色光混合形成天蓝色光；三原色光等量的混合便形成白色的复色光。朱红与天蓝、翠绿与品红、蓝紫与黄色互为补色光，所谓互补色光是指如果两种色光混合之后形成白色的复色光，这两种色光就互为补色光，它们的混色规律如图 1-2 所示。

图 1-2　混色规律

在场景中创建环境灯光的原则如下。

(1)　除非特殊的环境气氛需要，尽量少设置具有高饱和度色彩的灯光。

(2)　场景中的灯光数目尽可能少。过多的灯光会使场景中的对象看上去过于平板，减少了空间的层次。另外设置过多的灯光既不利于灯光的管理，也会大大增加场景渲染的时间。

(3)　在场景中设置聚光灯的时候，应当注意聚光灯的位置与投射角度，不正确的投光角度往往会破坏场景中对象的个性特征。

(4)　灯光和对象投射的阴影要综合进行考虑。

在设计三维动画场景的过程中，应当首先对场景中的灯光效果进行设计规划，再绘制灯光效果的设计图。如图 1-3 所示，是美国三维动画电影《疯狂原始人》中的场景灯光设计图；如图 1-4 所示，是美国三维动画电影《冰雪奇缘》中的场景灯光设计图。

图 1-3　美国三维动画电影《疯狂原始人》中的场景灯光设计图

图 1-4　美国三维动画电影《冰雪奇缘》中的场景灯光设计图

1.2　灯　光　类　型

3ds Max 2016 中共包含三种类型的灯光对象：Standard(标准)灯光、日光和 Photometric(光度控制)灯光。不同类型的标准灯光和 Photometric 灯光对象可以共享一系列相同的参数设置项目。

日光由 Daylight 和 Sunlight 共同构成，其创建工具要通过系统创建命令面板访问，如图 1-5 所示，可以精确指定日期、时间和方位，以确定日光照射的自然属性。另外，Photometric 灯光也提供了 IES Sun 和 IES Sky 两种类型的光度控制日光。

图 1-5　系统创建命令面板

1.2.1　标准灯光

如图 1-6 所示，在灯光创建命令面板中一共提供了 8 种类型的标准灯光：Omni(泛光灯)、Target Spot(目标聚光灯)、Free Spot(自由聚光灯)、Target Direct(目标平行光灯)、Free Direct(自由平行光灯)、Skylight(天光)、mr Area Omni Light(区域泛光灯)、mr Area Spotlight(区域聚光灯)。

不同类型的标准灯光对象以不同的投射方式照射场景，以模拟真实世界中不同类型光源的效果。与 Photometric 灯光对象不同，标准灯光对象采用的光强度参数与真实世界中光源强度的实际物理参数无关。

1)　Omni(泛光灯)

泛光灯提供给场景均匀的照明，这种光源没有方向性，

图 1-6　灯光创建命令面板

由一个发射点向各个方向均匀地发射出灯光。

泛光灯照射的区域比较大，参数也易于调整，而且改进后的泛光灯也可以投射阴影和控制衰减范围。泛光灯投射的阴影呈中心放射状，等同于六盏聚光灯从一个中心向外照射所投射的阴影效果。由于这种灯是针对全部场景的均匀照射光源，所以如果在场景中建立太多的泛光灯，就会使整个场景平淡而没有层次。

💡 注意：　由于泛光灯在六个方位上都产生放射状的投影，所以泛光灯光线跟踪阴影的计算量比聚光灯光线跟踪阴影的计算量大得多，因此除非在特殊的情况下，一般不为场景中的泛光灯指定光线跟踪阴影。

2)　Target Spot(目标聚光灯)

目标聚光灯发射类似于光锥的方向灯光，其发射的光束有点类似于手电筒的光束，只在特定的方向上照射对象并产生投射阴影，在照射范围之外的对象不受该聚光灯的影响。在场景中创建目标聚光灯之后，可以手动调整投射点和目标点的位置与方向，在参数面板中可以调整聚光灯光锥的衰减特性，还可以为聚光灯设置投影贴图。

当创建了一个目标聚光灯后，激活运动命令面板，可以发现该目标聚光灯被自动指定了 Look At (注视)灯光控制器，目标聚光灯的目标对象作为默认的注视目标点，如图 1-7 所示。在运动命令面板中单击 Pick Target(拾取目标)按钮后，在场景中可以单击选择任意一个对象作为目标聚光灯的新注视目标点。

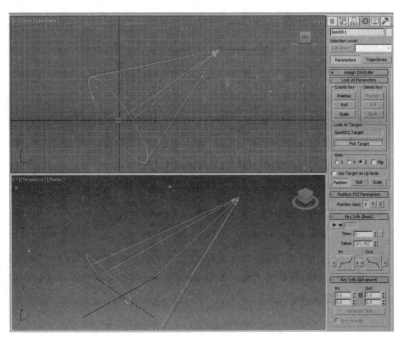

图 1-7　Look At(注视)灯光制器

3)　Free Spot(自由聚光灯)

自由聚光灯与目标聚光灯类似，也是发射同样的方向光锥，但不包含目标点，自由聚光灯可以整体任意调整光锥的投射方向，所以在动画过程中投射范围能够保持固定不变。

4)　Target Direct(目标平行光灯)

目标平行光灯与目标聚光灯基本类似，区别是目标平行光灯发射类似于柱状的平行灯光，可以模拟极远处太阳的平行光线，同样可以手动调整投射点和目标点的位置与方向。

5)　Free Direct(自由平行光灯)

自由平行光灯与自由聚光灯基本类似，区别是自由平行光灯发射类似于柱状的平行灯光，这种聚光灯只能整体调整光柱与投射点，不能对目标点进行调整。

💡 **注意：**　在 Sunlight System(阳光系统)中的照明光源就是自由平行光灯。

6)　Skylight(天光)

天光对象常用于创建场景均匀的顶光照明效果，还可以为 Skylight 对象设置天空色彩或指定贴图。

💡 **注意：**　标准的 Skylight 对象与 Photometric Daylight 对象不同，Skylight 对象要与 Light Tracing(光线追踪)高级灯光设置配合使用，可以模拟 Daylight 的作用效果。

如果使用 Mental Ray 渲染器进行渲染，由 Skylight 照射的对象会十分灰暗，除非在 Render Scene(渲染场景)对话框的 Indirect Illumination(间接照明)卷展栏中勾选 Final Gathering(最终聚集)选项。

7)　mr Area Omni Light(区域泛光灯)

在使用 Mental Ray 渲染器渲染场景时，mr Area Omni Light 可以模拟从一个球体或圆柱体区域发射灯光的效果；如果使用默认的扫描线渲染器，Area Omni Light 与标准的泛光灯一样都是创建点光源的效果。

8)　mr Area Spotlight(区域聚光灯)

在使用 Mental Ray 渲染器渲染场景时，mr Area Spotlight 可以模拟从一个矩形或圆形区域发射灯光的效果；如果使用默认的扫描线渲染器，Area Spotlight 与标准的聚光灯一样都是创建点光源的效果。

1.2.2　光度控制灯光

光度控制灯(Photometric)光源对象包括：Target Light(目标点光源)、Free Light(自由点光源)、mr Sky Portal(Mental Ray 天光)，如图 1-8 所示。

图 1-8　Photometric 光源

其中的点光源、线光源、面光源的参数设置项目与普通光源的参数基本相同，区别仅在于亮度和光色的设置，任何时候都可以把灯的类型改为点状、线状和面状。

Photometric 灯光系统的照射范围和衰减程度是基于真实物理世界的，可以直接按照真实世界的光源属性在全局光系统中进行布光，而且天光和阳光系统则是模拟自然阳光的多种状态而设计的。

光度控制灯始终使用平方倒数衰减方式，其亮度可以在特定距离处用 Candles(烛光)单位、Lumens (流明)单位或 Lux(勒克斯)单位表示。光度控制灯在与光线跟踪功能结合使用的时候非常有用，二者的结合可以模拟真实世界的现象，并适用于进行光照的精确分析。

使用光度控制灯时，建模中使用真实世界物体的单位尺度非常关键，灯泡属性为 100 瓦的光度控制灯无法照亮城市这样大的范围，因此确保单位和物体的尺寸符合真实的世界，如图 1-9 所示。

图 1-9　美国三维动画电影《冰雪奇缘》中的场景灯光气氛

提示：　每一种 Photometric 灯光都支持 2～3 种不同的光线分布方式，点光源支持 Isotropic(等方向)分布、Spotlight(聚光)分布和 Web(网状)分布；线光源和面光源支持 Diffuse(漫射)分布和 Web 分布。关于不同的光线分布方式将在后面进行详细讲述。

1)　Target Light(目标点光源)

目标点光源如图 1-10 所示，分别为 Isotropic、Spotlight 和 Web 光线分布方式。

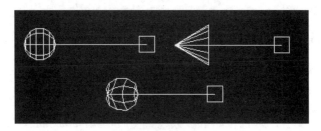

图 1-10　目标点光源

目标点光源使用一个目标对象决定照射的方位，目标点光源包含三种不同类型的光线分布方式，每种分布方式都对应特定的图标。

知识链接： 可以通过灯光视图调整目标点光源的投射方向与投射角度；还可以使用 Place Highlight(放置高光点)命令改变目标点光源的位置。单击目标点光源和其目标点之间的连接线，可以同时选择目标点光源和其目标点。

2) Free Light(自由点光源)

自由点光源与目标点光源基本类似，只是不能对目标点进行调整，有 Isotropic、Spotlight 和 Web 三种光线分布方式。

3) mr Sky Portal(Mental Ray 天光)

Mental Ray 天光照射效果如图 1-11 所示。

图 1-11 天光照射效果

mr Sky Portal(Mental Ray 天光)是一种依据实际自然法则的灯光对象，用于模拟真实的天光大气效果；mr Sky Portal(Mental Ray 天光)的光照属性将依据场景地理位置、时间和日期自动设定。

注意： 只有在 Advanced Lighting 对话框中指定一种高级灯光类型(Radiosity 或 Light Tracing)后，IES Sky 的作用效果才能被渲染输出。

1.3 标准灯光设计

对于一般的灯光类型，都包含如下参数设置卷展栏：Name and Color (名称与色彩)、General Parameters (通用参数)、Intensity/Color/Attenuation Parameters (强度/色彩/衰减参数)、Advanced Effects (高级效果)、Shadow Parameters (阴影参数)、Shadow Map Parameters(阴影贴图参数)、Optimizations (优化参数)、Mental Ray Indirect Illumination(Mental Ray 间接照明)。

对于聚光灯、平行光灯和 Photometric 灯还包含一些独有的参数设置卷展栏：Spotlight

Parameters (聚光灯参数)、Directional Parameters (平行光灯参数)卷展栏。

　　下面就通过一个超写实灯泡爆裂的制作实例，对一些重要的灯光参数设置进行详尽的讲述。

实例：超写实灯泡爆裂的制作

　　本实例将讲解标准灯光区域照明的特性与真实灯泡模型的制作方法，以及灯泡爆裂成碎片的实现技巧，如图 1-12 所示。

图 1-12　灯泡爆裂效果

　　(1)　打开 3ds Max 2016 软件，首先我们要制作灯泡模型。进入设置命令面板的 Shape(图形)Splines(样条线)创建选项卡，单击 Line(线段)按钮，在前视图中绘制出灯泡的轮廓线，如图 1-13 所示。

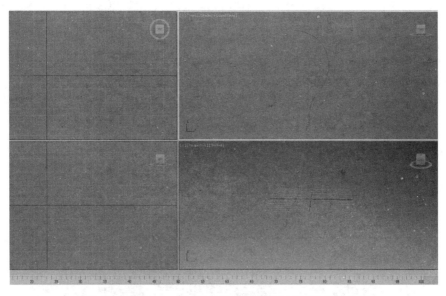

图 1-13　选择 Line(线段)在前视图中绘制出灯泡的轮廓线

　　(2)　调节灯泡轮廓线的段数使它看起来更加平滑，在场景中选择灯泡的轮廓线，进入设置命令面板的 Modify(修改)设置选项卡，单击 Interpolation(插值)左侧的 "+" 号，打开

Interpolation 参数设置卷展栏，将 Steps(步数)的参数值设置为 20，如图 1-14 所示。

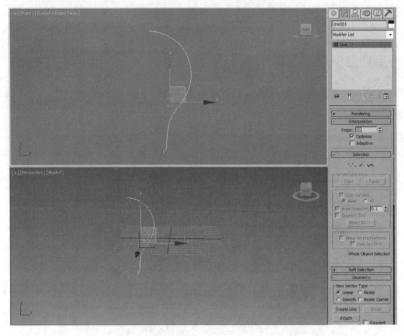

图 1-14　设置灯泡轮廓线 Line001 的 Steps(步数)参数值

(3) 为灯泡的轮廓线增加一定的厚度，单击修改堆栈中 Line(线)左侧的"+"号，在子选项中选择 Spline(样条线)，进入 Geometry(几何体)参数设置卷展栏，单击 Outline(轮廓)按钮，在前视图中单击并稍微拖动灯泡的轮廓线为其创建出一定的厚度，如图 1-15 所示。

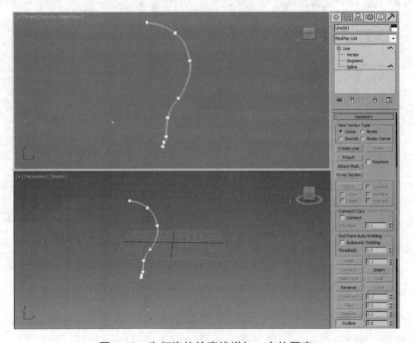

图 1-15　为灯泡的轮廓线增加一定的厚度

（4）为灯泡的轮廓线添加 Lathe(车削)修改器创建出灯泡模型，在 Modify(修改)选项卡中单击 Modifier List(修改器列表)右侧向下的按钮，选择 Lathe(车削)修改器，在 Parameters(参数)设置卷展栏下，勾选 Weld Core(焊接内核)选项，将 Segments(分段)的参数值设置为 32，单击 Align(对齐)项目栏下的 Min(最小)按钮，如图 1-16 所示。

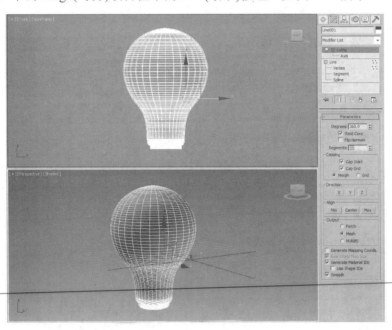

图 1-16　为灯泡的轮廓线添加 Lathe(车削)修改器创建出灯泡 3D 的模型

（5）采用相同的制作方法将灯泡的灯芯和底座创建出来，如图 1-17 所示。

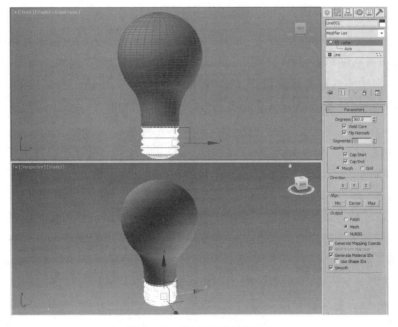

图 1-17　创建灯泡底座模型

(6) 将 3ds Max 2016 软件的渲染器设置为 Mental Ray 类型。单击工具栏中的渲染设置按钮 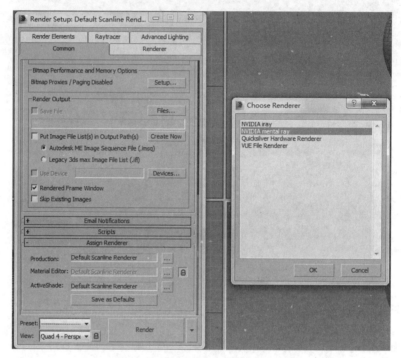，在弹出的 Render Setup(渲染设置)参数设置对话框中单击 Assign Renderer(指定渲染器)左侧的"+"号，打开 Assign Renderer(指定渲染器)设置卷展栏，单击 Production(产品级)右侧的小方块，在弹出的 Choose Renderer(选择渲染器)对话框中选择 NVIDIA mental ray 类型，再单击 OK 按钮，如图 1-18 所示。

图 1-18 将渲染器设置为 Mental Ray 类型

(7) 设置灯泡的玻璃材质。单击工具栏上的 Material Editor(材质编辑器)按钮，打开 Material Editor(材质编辑器)面板，在 Material Editor(材质编辑器)参数设置面板中选择第一个材质球，将它赋予灯泡的玻璃模型，单击 Standard(标准)按钮，在弹出的 Material/Map Browser(材质/贴图浏览器)里选择 Arch & Design(建筑与设计)材质，单击 OK 按钮，如图 1-19 所示。

(8) 进入 Arch & Design(建筑与设计)材质的 Templates(模板)设置卷展栏下，选择 Glass(Solid Geometry)固态玻璃类型，在 Main Material Parameters(主要材质参数)设置卷展栏下，将 Refraction(折射)右侧的 Color(颜色)设置为纯白色，如图 1-20 所示。

(9) 为场景创建一个摄影机。在透视图上单击以激活视图，接着按 Ctrl+C 组合键，这样就将透视图转变成了摄影机视图，同时还在场景中创建了一个摄影机，如图 1-21 所示。

(10) 为场景创建灯光。在设置命令面板的灯光创建选项卡下，单击 Photometric(光度控制灯光)右侧的向下箭头，在列表中选择 Standard(标准灯光)，将 Photometric(光子灯光)类型切换成 Standard(标准灯光)，如图 1-22 所示。

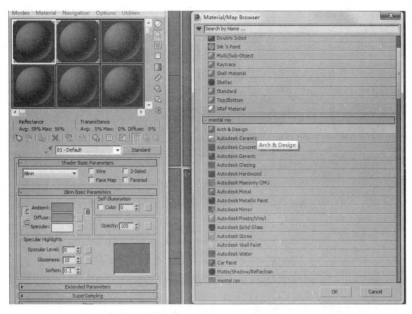

图 1-19　为灯泡的玻璃模型添加 Arch & Design(建筑与设计)材质

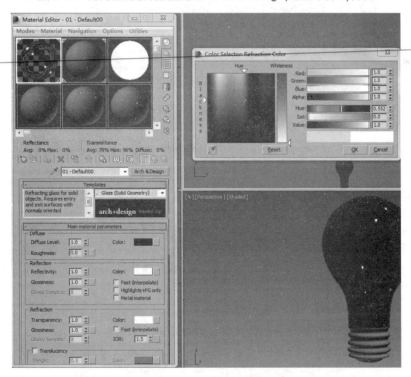

图 1-20　设置 Arch & Design(建筑与设计)材质的参数

(11) 在 Standard(标准灯光)的 Object Type(灯光类型)卷展栏下单击 mr Area Spot(mr 区域目标灯)按钮，在顶视图场景中建立一盏 mr Area Spot(mr 区域目标灯)，在顶视图调整灯光照射位置至灯泡模型的右前方，在左视图调整灯光位置至灯泡模型的右上方，如图 1-23所示。

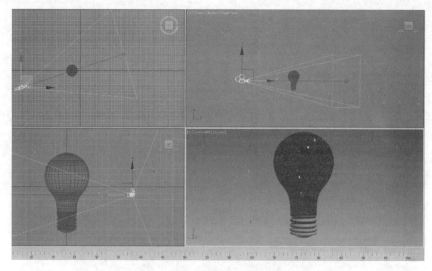

图 1-21　在场景中创建一个摄影机

图 1-22　将 Photometric(光子灯光)类型切换成 Standard(标准灯光)

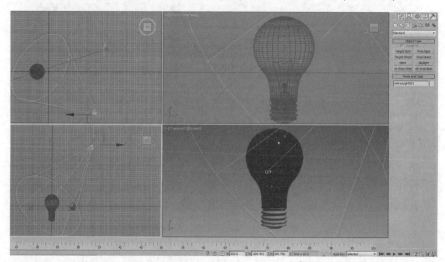

图 1-23　在顶视图场景中建立一盏 mr Area Spot(mr 区域目标灯)并调整其位置

(12) 在场景中单击选择 mr Area Spot(mr 区域目标灯)，进入设置命令面板的 Modify(修改)设置选项卡，在 General Parameters(通用参数)设置卷展栏下，将 Light Type(灯光类型)

设置为 Directional(平行光)类型，在 Intensity/Color/Attenuation(强度/颜色/衰减)卷展栏下设置 Multipler 灯光强度为 0.5，如图 1-24 所示。

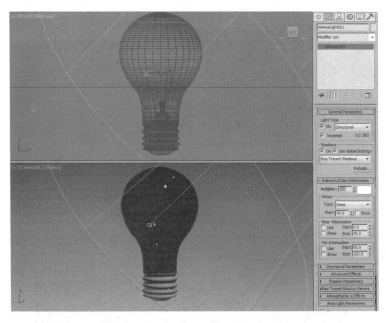

图 1-24　将 Light Type(灯光类型)设置为 Directional(平行光)

(13) 单击工具栏上的 Material Editor(材质编辑器)按钮，打开 Material Editor(材质编辑器)面板，在 Material Editor(材质编辑器)参数设置窗口中选择第二个材质球，将它赋予灯泡的金属底座模型，单击 Standard(标准)按钮，在弹出的 Material/Map Browser(材质/贴图浏览器)对话框里选择 Arch & Design(建筑与设计)材质，再单击 OK 按钮，如图 1-25 所示。

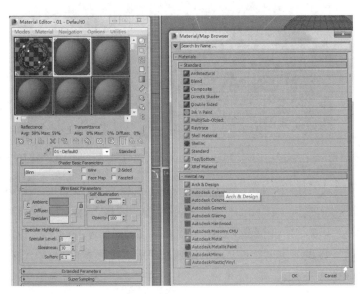

图 1-25　为灯泡的金属底座模型赋予 Arch & Design(建筑与设计)材质

(14) 进入 Arch & Design(建筑与设计)材质的 Templates(模板)设置卷展栏下，选择 Chrome(铬合金)类型，如图 1-26 所示。

图 1-26　设置 Arch & Design(建筑与设计)材质的参数

(15) 由于当前的场景中只有一盏 mr Area Spot(mr 区域目标灯)，我们还需要在场景中创建两盏 mr Area Spot(mr 区域目标灯)作为补光，在设置命令面板的灯光创建选项卡下，单击 mr Area Spot(mr 区域目标灯)按钮，在顶视图场景中建立两盏 mr Area Spot(mr 区域目标灯)，切换到左视图调整灯光的照射位置，如图 1-27 所示。

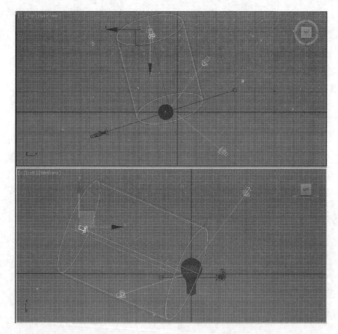

图 1-27　在场景中创建两盏 mr Area spot(mr 区域目标灯)并调整其位置

(16) 在场景中选择其中一盏 mr Area spot(mr 区域目标灯)，进入设置命令面板的 Modify(修改)设置选项卡，在 Intensity/Color/Attenuation(强度/颜色/衰减)卷展栏下设置 Multipler 灯光强度为 2，单击 Advanced Effects(高级灯光)左侧的 "+" 号，打开 Advanced Effects(高级灯光)参数设置卷展栏，勾选 Ambient Only(仅环境光)选项，如图 1-28 所示。

(17) 单击菜单栏中的 Rendering(渲染)菜单，在下拉列表中选择 Environment(环境)，在弹出的 Environment and Effects(环境和效果)设置面板中，进入 Common Parameters(公用参数)卷展栏，在 Background(背景)项目栏下单击 Environment Map(环境贴图)下方的贴图通道 None 按钮，在弹出的 Material/Map Browser(材质/贴图浏览器)中选择 Bitmap(位图)类型，选择一张 HDR 图片，如图 1-29 所示。

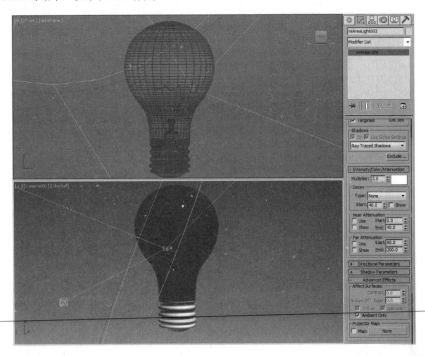

图 1-28　设置 mr Area Spot(mr 区域目标灯)中的 Advanced Effects(高级灯光)参数

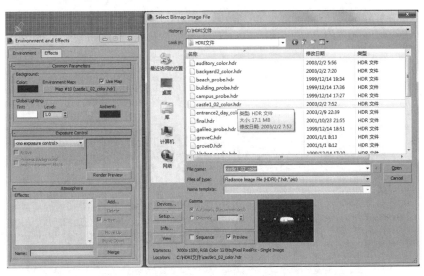

图 1-29　设置 Environment and Effects(环境和效果)参数

(18) 单击工具栏上的 Material Editor(材质编辑器)按钮，打开 Material Editor(材质编辑器)面板，将刚刚选择的 Environment Map(环境贴图)下方的 HDR 图片拖曳到第三个材质球上，在弹出的 Copy(Instance)Map(复制/实例贴图)窗口中选择 Instance(实例)的复制方式，单击 OK 按钮，进入 Coordinates(坐标)卷展栏，将 Mapping(贴图)的类型设置为 Spherical Environment(球形环境)，单击 Output(输出)左侧的 "+" 号，打开 Output(输出)参数设置卷展栏，将 Output/Amount(输出数量)的参数值设置为 2，如图 1-30 所示。

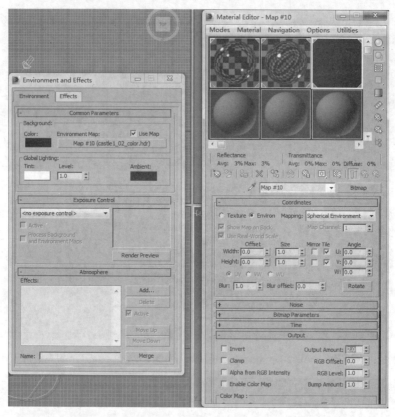

图 1-30　将 Environment Map(环境贴图)中的 HDR 图片拖曳到材质编辑器中并设置其参数

(19) 单击工具栏上的渲染按钮，渲染测试效果如图 1-31 所示。

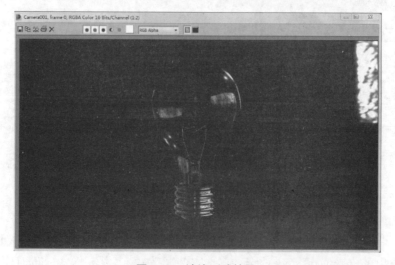

图 1-31　渲染测试效果

(20) 在场景中选择灯芯模型，将 Material Editor(材质编辑器)面板中的第四个材质球赋予它，勾选 Self-Illumination(自发光)选项，将 Self-Illumination(自发光)右侧的颜色块设置为纯白色，将 Ambient(环境光)右侧的颜色块设置为纯白色，将 Diffuse(漫反射)右侧的颜色块也设置为纯白色。在 Specular Highlights(发射高光)项目栏下，将 Specular Level(高光级别)的参数值和 Glossiness(光泽度)的参数值设置为 0，如图 1-32 所示。

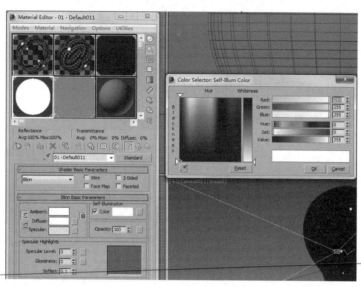

图 1-32　为灯芯设置 Self-Illumination(自发光)材质

(21) 单击 Self-Illumination(自发光)右侧的贴图通道小方块，在弹出的 Material/Map Browser(材质/贴图浏览器)对话框里选择 Output(输出)材质，单击 OK 按钮，如图 1-33 所示。

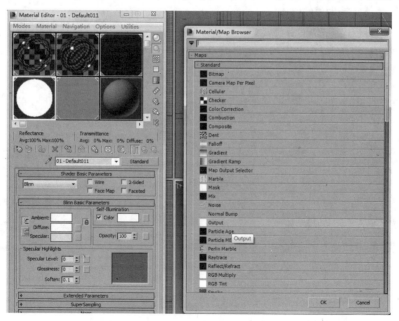

图 1-33　为 Self-Illumination(自发光)贴图通道添加 Output(输出)材质

(22) 进入 Output(输出)参数设置卷展栏，将 Output Amount(输出数量)的参数值设置为 6.0，如图 1-34 所示。

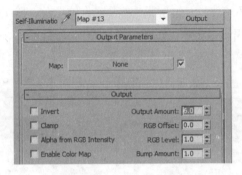

图 1-34　设置 Output Amount(输出数量)的参数值

(23) 单击工具栏中的渲染设置按钮，打开 Render Setup(渲染设置)参数设置面板，单击进入 Renderer(渲染)选项卡，在 Camera Effects(摄影机效果)参数设置卷展栏下，勾选 Camera Shaders(摄影机明暗器)项目栏下的 Output(输出)选项，将 Output(输出)右侧贴图通道中的 DefaultOutputShader(Glare)材质拖曳复制到 Material Editor(材质编辑器)面板中的第五个材质球上，在弹出的 Instance(Copy)Map(实例/复制贴图)对话框中选择 Instance(实例)的复制方式，单击 OK 按钮，如图 1-35 所示。

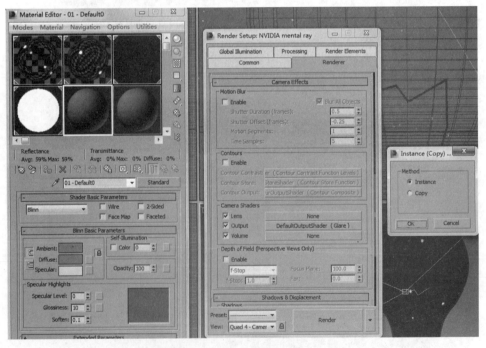

图 1-35　设置 Camera Effects(摄影机效果)参数

(24) 在 Glare Parameters(辉光参数)设置卷展栏下，将 Spread(扩散)的参数值设置为 3.0，勾选 Streaks(射线)选项，如图 1-36 所示。

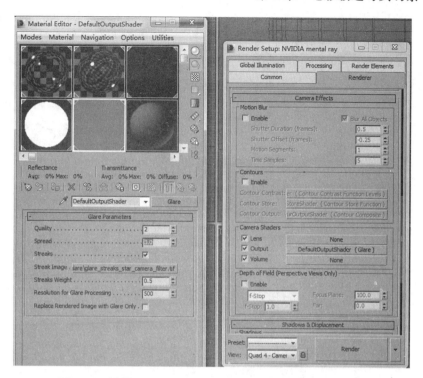

图 1-36　设置 Glare Parameters(辉光参数)卷展栏中的数值

(25) 单击工具栏上的渲染按钮，渲染测试效果如图 1-37 所示。

图 1-37　渲染测试效果

(26) 下面制作灯泡玻璃爆裂的动画效果。首先要制作一些玻璃碎片模型，在前视图选择场景中的灯泡玻璃模型，按 Shift 键向右侧移动，复制出来一个灯泡玻璃模型，在弹出的 Clone Option(克隆选项)对话框中选择 Copy(复制)类型，如图 1-38 所示。

(27) 在刚刚复制出来的灯泡玻璃模型上面右击，在弹出的快捷菜单中选择 Convert to

Editable Poly(转换为可编辑多边形)选项，如图 1-39 所示。

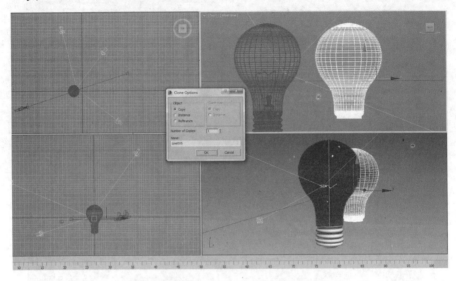

图 1-38　复制出来一个灯泡玻璃模型

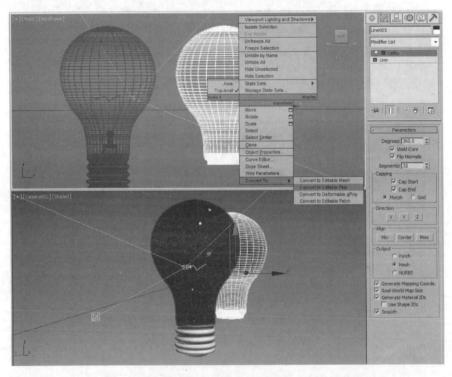

图 1-39　将复制出来的灯泡玻璃模型转换为可编辑多边形

(28) 在场景中选择刚刚转换为可编辑多边形的灯泡玻璃模型，进入设置命令面板的 Modify(修改)设置选项卡，单击 Editable Poly(可编辑多边形)左侧的 "+" 号，单击选择 Polygon(面)层级，选择灯泡玻璃模型上面的五个面，在 Edit Geometry(编辑多边形)参数设置卷展栏下，单击 Detach(分离)按钮，在弹出的 Detach(分离)对话框中将 Detach as(分离)命名为"碎片"，单击 OK 按钮，如图 1-40 所示。

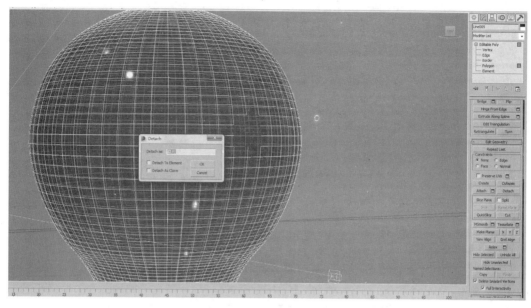

图 1-40　从可编辑多边形的灯泡玻璃模型上分离玻璃碎片

(29) 依照相同的方法分离出其他的玻璃碎片模型。为了便于细微地调整玻璃碎片模型的形状，在可编辑多边形的玻璃模型上右击，在弹出的快捷菜单中选择 Hide Selection(隐藏选择的物体)命令，如图 1-41 所示。

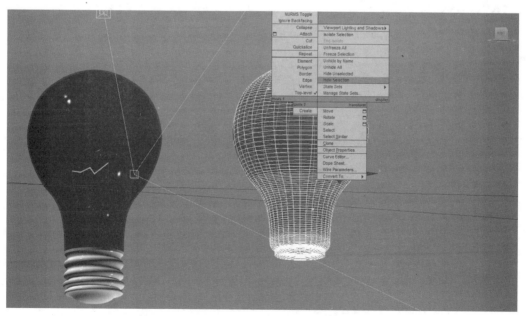

图 1-41　选择 Hide Selection(隐藏选择的物体)命令

(30) 选择一个玻璃碎片模型，进入设置命令面板的 Modify(修改)设置选项卡，单击 Editable Poly(可编辑多边形)左侧的"+"号，选择 Vertex(点)选项，运用移动工具调节玻璃碎片模型的形状。依照相同的方法调节其他玻璃碎片模型的形状，如图 1-42 所示。

图 1-42　运用移动工具调节玻璃碎片模型的形状

(31) 接下来我们要细微地调节灯泡模型破碎部分的形状。在场景中右击，在弹出的快捷菜单中选择 Unhide All(全部取消隐藏)命令，如图 1-43 所示。

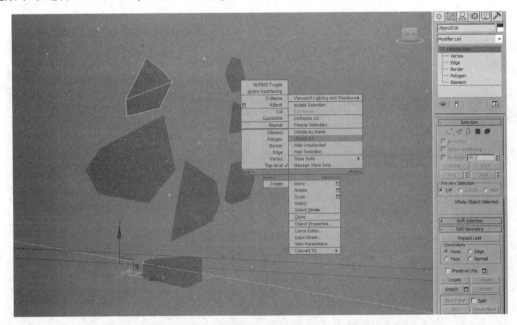

图 1-43　选择 Unhide All(全部取消隐藏)命令显示灯泡的玻璃模型

(32) 进入设置命令面板的 Modify(修改)设置选项卡，单击 Editable Poly(可编辑多边形)左侧的"+"号，选择 Polygon(面)层级，选择移动工具调节灯泡破碎的玻璃模型，如图 1-44 所示。

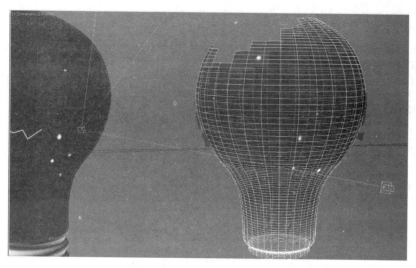

图 1-44　选择移动工具调节灯泡破碎的玻璃模型

(33) 选择移动工具将破碎的灯泡模型移动至与原先完整玻璃模型的位置重合，将场景中完整的灯泡隐藏。选择破碎的灯泡模型，进入设置命令面板的 Modify(修改)设置选项卡，单击 Modifier List(修改器列表)右侧向下的小箭头，在弹出的列表中选择 Shell(壳)修改器，在 Parameters(参数)设置卷展栏下，将 Inner Amount(内部量)的参数值设置为 0.35，为破碎的灯泡模型添加一定的厚度，如图 1-45 所示。

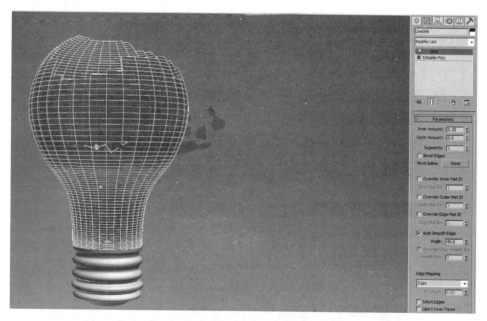

图 1-45　为破碎的灯泡模型添加 Shell(壳)修改器并设置其参数

(34) 在场景中选择玻璃小碎片模型，为它们添加 Shell(壳)修改器增加玻璃碎片的真实度。进入设置命令面板的 Modify(修改)设置选项卡，单击 Modifier List(修改器列表)右侧向下的小箭头，在弹出的列表中选择 Shell(壳)修改器，在 Parameters(参数)设置卷展栏下，将

Inner Amount(内部量)的参数值设置为 0.35，如图 1-46 所示。

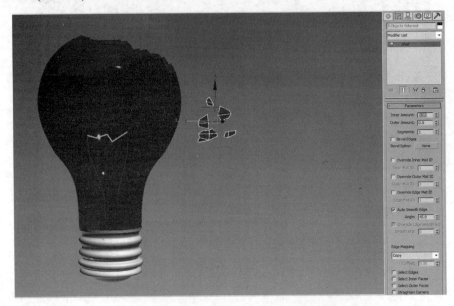

图 1-46 为玻璃碎片模型添加 Shell(壳)修改器并设置其参数

(35) 接下来我们要设置玻璃碎片的材质。在场景中选择玻璃碎片模型，单击工具栏上的 Material Editor(材质编辑器)按钮，打开 Material Editor(材质编辑器)面板，在 Material Editor(材质编辑器)参数设置窗口中选择第六个材质球，单击材质赋予按钮，将它赋予玻璃碎片模型。单击 Standard(标准)按钮，在弹出的 Material/Map Browser(材质/贴图浏览器)对话框里选择 Raytrace(光线追踪)材质，单击 OK 按钮，如图 1-47 所示。

图 1-47 为玻璃碎片模型添加 Raytrace(光线追踪)材质

(36) 在 Raytrace Basic Parameters(光线追踪基本参数) 设置卷展栏下，单击 Transparency(透明度)右侧的颜色块，将颜色设置成纯白色(纯白色表示材质完全透明，而黑色表示完全不透明)，单击 Material Editor(材质编辑器)右侧的 Background(显示背景)按钮 ，如图 1-48 所示。

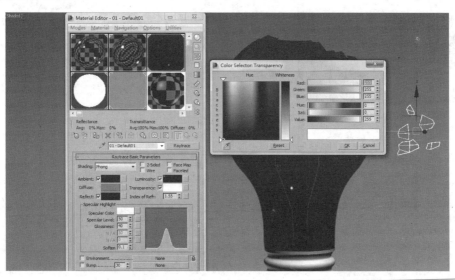

图 1-48　为玻璃碎片模型设置 Transparency(透明度)颜色

(37) 再为玻璃碎片添加一些反射效果。单击 Reflect(反射)右侧的颜色块，将颜色设置成深灰色(黑色表示材质没有反射，白色表示材质完全反射，而深灰色表示材质有很少的反射效果)，如图 1-49 所示。

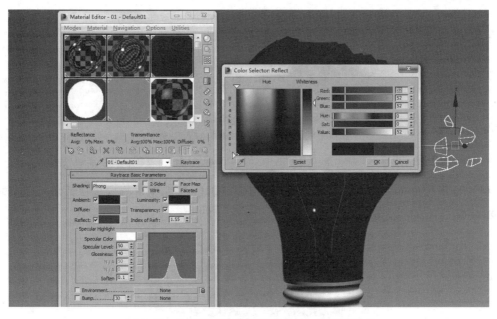

图 1-49　为玻璃碎片模型设置 Reflect(反射)颜色

(38) 单击 Reflect(反射)右侧的贴图通道小方块，在弹出的 Material/Map Browser(材质/贴图浏览器)中选择 Bitmap(位图)材质，在 Select Bitmap Image File(选择位图图像文件)对话框中选择一张 HDR 图片，如图 1-50 所示。

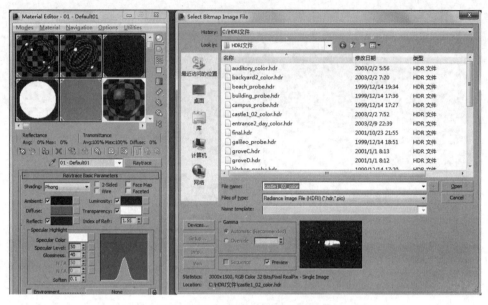

图 1-50　为 Reflect(反射)贴图通道添加 HDR 图片

(39) 进入 Reflect(反射)贴图通道的 Coordinates(坐标)参数设置卷展栏，勾选 Environment(环境)类型，将 Mapping(贴图)的类型设置为 Spherical Environment(球形环境)，如图 1-51 所示。

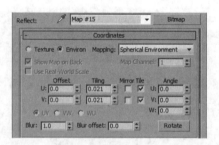

图 1-51　设置玻璃碎片模型 Reflect(反射)贴图通道中的 Coordinates(坐标)参数

(40) 单击 Output(输出)左侧的"+"号，打开 Output(输出)参数设置卷展栏，将 Output Amount(输出数量)的参数值设置为 2.5，如图 1-52 所示。

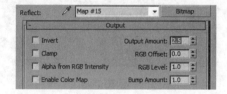

图 1-52　设置 Output Amount(输出数量)的参数

(41) 单击工具栏上的渲染按钮，渲染测试效果如图 1-53 所示。

图 1-53　渲染测试效果

(42) 在场景中选择玻璃碎片模型，单击菜单栏中的 Group(组)，在下拉菜单中选择 Group(组)命令，弹出 Group(组)对话框，如图 1-54 所示。

(43) 下面我们要用 PF Source(粒子流)粒子系统创建玻璃碎片的动画效果。进入设置命令面板的创建面板，在 Geometry(几何体)创建选项卡中单击 Standard Primitives(标准几何体)右侧向下的小箭头，在弹出的下拉列表中选择 Particle Systems(粒子系统)选项，如图 1-55 所示。

图 1-54　将玻璃碎片 Group(组)在一起

图 1-55　选择 Particle Systems(粒子系统)选项

(44) 在 Particle Systems(粒子系统)的 Object Type(对象类型)卷展栏下，选择 PF

Source(粒子流)按钮，在顶视图中拖曳创建出一个 PF Source(粒子流)发射器，再选择刚刚创建的 PF Source(粒子流)发射器，进入设置命令面板的 Modify(修改)设置选项卡，在 Emission(发射)卷展栏下，将 Emitter Icon(发射图标)项目栏下的粒子发射器 Length(长度)的参数设置为 40，将 Width(宽度)的参数设置为 80，如图 1-56 所示。

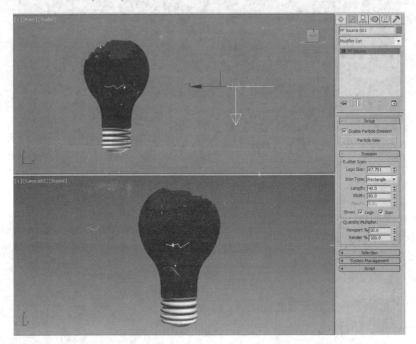

图 1-56　设置 PF Source(粒子流)发射器的基本参数

(45) 由于默认的 PF Source(粒子流)发射器的发射方向是向下的，因此单击工具栏中的旋转按钮，切换到左视图中将 PF Source(粒子流)发射器向上旋转 90°，单击工具栏中的移动按钮，在前视图中将 PF Source(粒子流)发射器向左稍微移动位置，如图 1-57 所示。

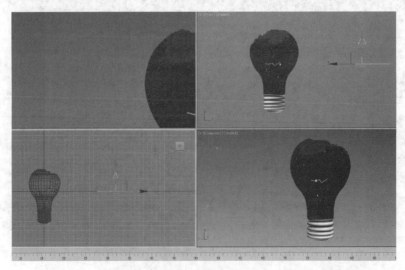

图 1-57　用旋转工具和移动工具调节 PF Source(粒子流)发射器的发射方向

(46) 在前视图中选择 PF Source(粒子流)发射器，进入设置命令面板的 Modify(修改)设置选项卡，在 Setup(设置)卷展栏下，单击 Particle View(粒子视图)按钮，打开 PF Source(粒子流)发射器的 Particle View(粒子视图)参数设置窗口，如图 1-58 所示。

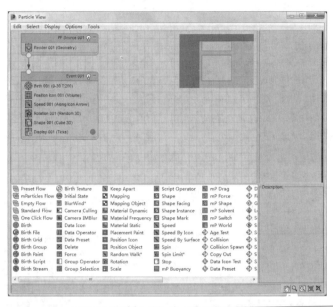

图 1-58　PF Source(粒子流)发射器的 Particle View(粒子视图)参数设置窗口

(47) 在 PF Source(粒子流)发射器的 Particle View(粒子视图)参数设置窗口中，选择 PF Source 001(粒子流 001)节点下面的 Render 001(Geometry)(渲染 001 几何体)命令，进入右侧的 Render 001(渲染 001)参数设置卷展栏，将 Visible(可见)的百分比参数设置为 50(这个操作是为了在实时查看粒子效果时，减少粒子显示的数量来减轻电脑系统的负担)，如图 1-59 所示。

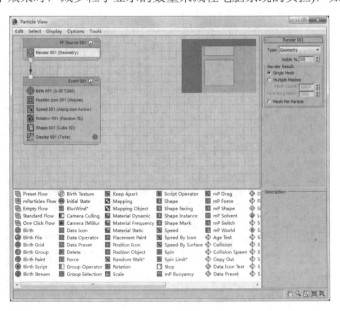

图 1-59　在 Particle View(粒子视图)中设置粒子的 Visible(可见)百分比

(48) 在 Event 001(事件 001)节点中选择 Birth 001(出生 001)命令，进入右边的 Birth 001(出生 001)参数设置卷展栏，将 Emit Start(发射开始)的参数设置为 0，将 Emit Stop(发射停止)的参数设置为 30，勾选 Rate(数率)方式，将 Rate(数率)的参数设置为 20，如图 1-60 所示。

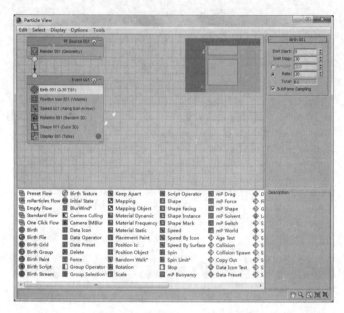

图 1-60　设置 PF Source(粒子流)发射器的发射时间和数量

(49) 在 Particle View(粒子视图)下方的命令组中选择 Position Object(位置对象)命令，将 Position Object(位置对象)命令拖曳至 Event 001(事件 001)节点中替换原先的 Position Icon(位置图标)命令，如图 1-61 所示。

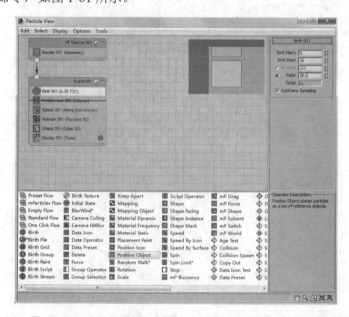

图 1-61　用 Position Object(位置对象)命令替换 Position Icon(位置图标)命令

(50) 在 Event 001(事件 001)节点中选择 Position Object(位置对象)命令，在右侧打开 Position Object 001(位置对象 001)的参数设置卷展栏，在 Emitter Objects(发射对象)栏中单击 Add(添加)按钮，在场景中选择"玻璃灯泡"模型作为发射对象，如图 1-62 所示。

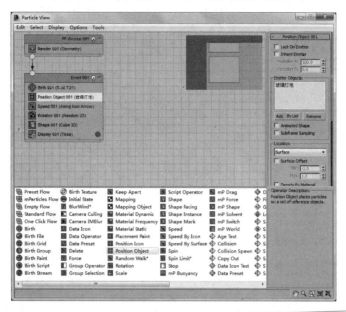

图 1-62　设置 Position Object 001(位置对象 001)的参数

(51) 在 Event 001(事件 001)节点中选择 Speed 001(速度 001)命令，进入右边的 Speed 001(速度 001)参数设置卷展栏，将 Speed(速度)的参数设置为 260，将 Variation(变化)的参数设置为 50，将 Direction(方向)类型设置为 Random Horizontal(随机水平)类型，将 Divergence(分散)的参数设置为 7.5，如图 1-63 所示。

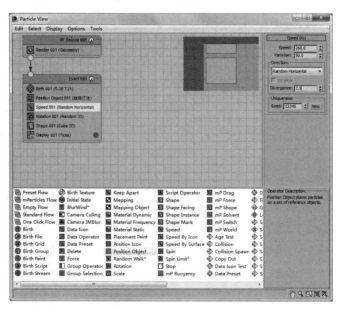

图 1-63　选择 Speed 001(速度 001)命令并设置其参数

(52) 在 Particle View(粒子视图)下方的命令组中选择 Shape Instance(形状实例)命令，将 Shape Instance(形状实例)命令拖曳至 Event 001(事件 001)节点中替换原先的 Shape 001(形状 001)命令，如图 1-64 所示。

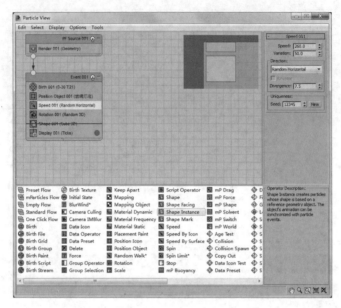

图 1-64　用 Shape Instance(形状实例)命令替换原先的 Shape 001(形状 001)命令

(53) 在 Event 001(事件 001)节点中选择 Shape Instance 001(形状实例 001)命令，进入右边的 Shape Instance 001(形状实例 001)参数设置卷展栏，单击 Particle Geometry Object(粒子几何对象)下面的 None 按钮，在前视图中单击，拾取"玻璃碎片"模型组，将 Scale(比例)的参数设置为 80，如图 1-65 所示。

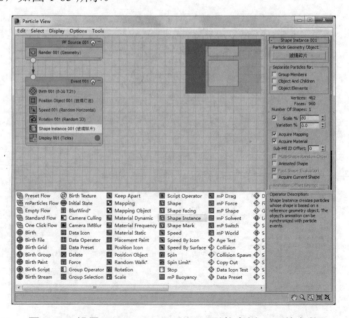

图 1-65　设置 Shape Instance 001(形状实例 001)的参数

(54) 在 Event 001(事件 001)节点中选择 Display 001(显示 001)命令，进入右边的 Display 001(显示 001)参数设置卷展栏，将 Type(类型)设置为 Geometry(几何体)类型，如图 1-66 所示。

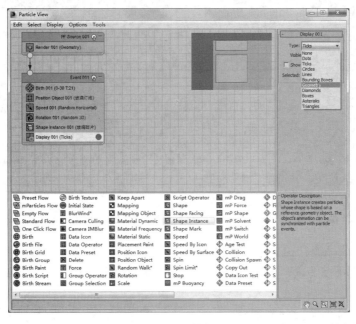

图 1-66　设置 Event 001(事件 001)节点中 Display 001(显示 001)的参数

(55) 为了增加玻璃碎片的旋转效果，在 Particle View(粒子视图)下方的命令组中选择 Spin(旋转)命令，将 Spin(旋转)命令拖曳至 Event 001(事件 001)节点中，如图 1-67 所示。

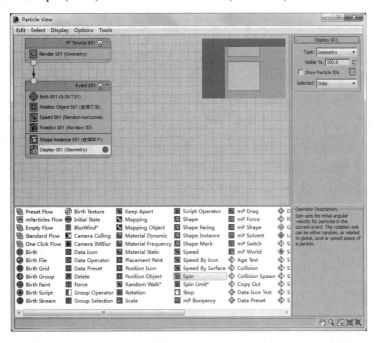

图 1-67　将 Spin(旋转)命令拖曳至 Event 001(事件 001)节点中

(56) 单击工具栏上的渲染按钮，渲染测试效果如图 1-68 所示。

图 1-68　渲染测试效果

提示： 本小节为读者讲述了超写实灯泡建模与材质的制作方法，在灯芯的建模过程中，我们需要注意勾选修改设置面板中的 Enable In Renderer 选项，这样才能在渲染时显示出灯芯点亮的效果。在玻璃材质的参数设置过程中，我们导入了一张室内 HDR 图片，这张图片包含了 360° 的全景影像与灯光信息，如果想制作出好的玻璃反射与透明效果，读者可以尝试选择不同的角度进行渲染来查看。

1.4　全局光照系统

全局光照系统实际主要指的是 3ds Max 2016 中高级光照(Advanced Lighting)功能模块。通过计算场景中物体之间反射光的相互作用，能够在渲染的画面中实现更真实的光照效果。Advanced Lighting 功能模块为不同的用户级别提供了两套全局光照方案，无论你是初级用户，还是对环境光照有颇深造诣的专家，均可达到特定的真实渲染目的。

全局光照(也被称为 GI)是一个三维动画专业术语，其实全局光照简而言之就是利用 3ds Max 2016 模拟真实世界中的光照效果，以最终达到照片质量级的渲染输出效果。传统的渲染引擎只计算光源直射的光效果，忽略场景中的环境光线反射，而环境光线反射恰恰是场景光效处理的关键。在早期版本的 3ds Max 中，为了模拟这种真实的环境光照效果，就必须在场景中添加额外的光源，虽然场景中自发光的物体可以被渲染成明亮的材质效果，但实际它们并没有被当作环境光源去处理，不会照射场景中的其他对象。

相同的场景在全局光照系统下渲染，只需要创建几盏必要的灯光对象就可以达到真实的环境光照效果，场景中的自发光物体也就成了真正的光源，可以直接照射场景中的其他对象，全局光照系统的光源比用多盏灯去模拟的效果要真实得多，在使用全局光照系统时，室外场景的光照效果也有较大的改进。

一个 GI 系统必须考虑的基本光属性是光的反射，当光线照射到对象的表面时，部分光线被对象表面吸收，其他的则反射到环境中并对场景照明有所贡献。光在对象之间可能会反射不止一次，并可能会呈现它所反射面的颜色。光在对象表面之间反射，每次反射都损失一些能量，几次反射后，光的效果已经小到可以忽略不计。

1.4.1　光线跟踪与光能传递

3ds Max 2016 提供了两套全局光照系统：Light Tracer(光线跟踪型)和 Radiosity(光能传递型)。

Light Tracer 是比较通用的全局光照系统，在使用过程中不需要了解太多的技术参数就能达到以假乱真的全局光照效果。Light Tracer 虽然在物理光度参数上不是十分精确，但为一般用户提供了既方便实用，又适合于任何三维模型的光照系统。

Radiosity 是比较复杂、专业的全局光照系统。在使用前首先需要将模型和场景进行必要的调整，光源对象还要经过光度计算，而且场景中对象的材质也要经过细致的设计。这种全局光照系统在物理光度参数上相对光线跟踪型要精确很多，所以对于精度要求较高的建筑效果图的制作是很有必要的，特别适用于建筑环境的实际光照分析。

两种全局光照系统的区别主要体现在以下几点。

(1) 光线跟踪型的全局光照只能在特定视角下达到逼真的效果，而光能传递型的全局光照不依赖于场景视角。

(2) 光线跟踪型的全局光源在渲染每一帧时都要进行照度计算，而光能传递型的全局光源只需要计算一次就可以从不同角度渲染场景，除非场景视图中的光源发生了变化或移动了场景中的物体。

(3) 一般情况下，光线跟踪型全局光照最好使用在需要充足照度的室外场景，或渲染角色动画，或在空白场景中渲染物体的情况下；光能传递型光源则更适用于使用聚光灯照明的室内场景或特殊光环境中的外部建筑场景的渲染。如果使用光线跟踪型全局光源来模拟室内光照效果，就需要极为小心地设置各种参数，并要耗费较长的渲染输出时间，以防止出现斑点或没有层次感的表面；而光能传递型全局光照就可以在很短的时间内获得更好的渲染输出效果。反之，如果使用光能传递型全局光源渲染包含大量多边形的角色模型，就需要更多的操作步骤，还要使用滤镜，甚至重新组织场景；而使用光线跟踪型全局光源后，在默认设置下就可以快速达到满意的渲染输出效果。

综上所述，大家在使用 3ds Max 2016 提供的两套全局光照系统过程中，可根据实际制作的需要选取最佳的环境光布置方案，以获得理想的渲染输出结果。

1.4.2　Light Tracer 全局光照系统

Light Tracer 全局光照系统使用了一种光线跟踪技术(Ray-Tracing Technique)，来对场景内的光照点进行采样计算，以获得环境反光的数值，从而模拟更逼真的真实环境光照效果。这种全局光照系统虽然不能完全达到在物理光度数值上的准确无误，但其创建的渲染输出结果与现实已经十分接近了，而且使用 Light Tracer 时不用进行太多的参数设置和调整。

光线跟踪器的功能是基于采样点的，在图像中依据有规则的间距进行采样，并在物体的边缘和高对比度区域进行子采样(进一步采样)。对每一个采样点都有一定数量的随机光线透射出来对环境进行检测，得到的平均光被加到采样点上，这是一个统计过程，如果设置较低则采样点之间的变化量是可以看到的。

Light Tracer 全局光照系统对场景中的模型类型没有特殊要求，通常情况下，Light Tracer 全局光照系统使用场景中的 Standard Lights(标准光源)，当使用 Logarithmic Exposure Control (对数曝光控制)时，Light Tracer 全局光照系统也可应用于 Photometric(光度计量)光源。在设置参数的过程中要不断单击主工具栏中的快速渲染按钮，查看 Light Tracer 全局光照系统的效果，主要查看大的平坦表面的噪波图案和光的反弹效果；在渲染输出的结果中，还要查看是否存在杂点和没有层次感的平板表面，同时要查看反射的效果是否正确。

杂点可以通过调整光线的数量和滤镜的大小来消除，如果杂点只存在于特定的物体表面，可以尝试调整这些物体的光线参数，如设置 Color Bleed(色彩外溢)参数等，然后渲染，查看它们是否影响场景光照的效果，如果影响就可以把它们排除在外。

如果在渲染输出的结果中看不到环境反射效果，可以尝试调整 Global Multiplier(全局倍增)参数或 Object Multiplier(对象倍增)参数；如果是物体的反光效果太强，可以使用 Advanced Lighting Override(高级灯光优先)材质进行调整。

1.4.3 Radiosity 全局光照系统

Radiosity 全局光照系统可以在场景中的物体表面重现自然光下的环境反射，并能产生真实、精确的光照效果。Radiosity 全局光照系统使用场景中对象的三角结构面为计算的基本单位。

Radiosity 全局光照系统利用物体几何结构计算其表面的环境反射，几何三角结构面是 Radiosity 光源计算的最小单位，所以为了获得更为精确的输出结果，大块的表面将被分割成小的三角结构面进行计算。

当 Radiosity 全局光照系统照射到对象的三角结构面上的时候，接收光线的三角结构面将吸取并分析光线，然后再根据自身材质的属性、色彩和质感反射到场景中的其他对象上，其他对象的表面接收相邻对象的环境反射后，将对从不同方向反射来的光线进行叠加计算。这样的反射计算过程在不同对象的三角结构面之间反复进行，直到场景的灯光照射效果趋于柔和，达到预先设置的渲染参数值为止。如果场景中的对象离得过近或场景过于复杂，那么渲染输出的速度将会大大降低。

Radiosity 全局光源需要配合对象的材质属性、表面属性等才能产生精确的结果，所以在建模过程中就必须倍加注意，模型的几何结构要尽可能的简洁合理。在实际的三维场景中，三角结构面越多，光线计算就越真实，但是一定要注意尽量让三角面保持结构上的一致，否则光线的反射将会产生不协调的现象。

　　Radiosity 全局光源需要配合 Photometric 灯光使用。使用光度控制灯可以获得更加真实的结果，如果你的目的是分析一个房间中的光照效果，光度控制灯可以使你完全控制灯的亮度、颜色和光的分布。普通的灯光也能被指定 Radiosity 全局光，但光能传递的输出结果会受到很大影响。

　　场景中对象的三角结构面数量十分重要，如果三角结构面数量不足，渲染输出的光照效果不够精确；如果三角结构面数量太多，渲染输出的过程将会很漫长。Radiosity 全局光源的渲染引擎提供了一种自动分割三角结构面的功能，允许用户进行特定分割和进一步细分。

　　(1)　在创建 Radiosity 全局光源前首先要激活对数曝光量控制，因为光能传递和光度控制灯需要它。

　　(2)　当我们使用 Radiosity 全局光源时首先应思考如何优化光能传递解决方案的设置，以便在质量、渲染时间和内存使用之间找到一个平衡。根据你想要得到的不同输出结果，设置会有很大差别。比如我们可以用非常长的时间渲染一幅静态图像以获得高的画面质量；但是我们渲染动画短片时，由于渲染时间会很长，就需要做一个折中处理了。

　　以下是 Radiosity 全局光源创建和参数设置的标准工作流程。

　　(1)　选择菜单命令 File→Open，在弹出的打开文件对话框中选择一个三维场景文件。三维场景中模型的几何结构要适于 Radiosity 全局光源的计算，这样既有助于获得理想的渲染输出效果，又可以避免出现渲染死角的现象。注意场景中的网格对象是如何被分割成三角结构面的，确定在场景中哪些是不重要的物体和不规则的物体，确保场景单位和物体的尺度符合真实世界中的比例。

　　(2)　为对象编辑并指定材质，对于场景中的自发光物体一般要使用 Advanced Lighting Override(高级灯光覆盖)材质，可用于增强 Radiosity 全局光源在反光物体和彩色物体上的效果。

　　(3)　在场景中创建 Photometric 全局光源以获得更为真实的渲染输出效果，如果是模拟一个房间里的光照效果，Photometric 全局光源可以完全依据实际的光度参数控制光源的强度、颜色等属性。另外，Radiosity 全局光源对常规光源依旧有效，但反射效果会有很大改变。

　　(4)　Radiosity 和 Photometric 全局光源要求应用 Logarithmic Exposure(对数曝光)控制，在 Advanced Lighting 对话框中可以勾选 Logarithmic Exposure 控制项目，并采用默认的设置计算当前的 Radiosity 全局光照系统效果。

　　(5)　为了得到理想的渲染输出效果，需要进行多次渲染试验和调整。这样就能发现有哪些表面需要细分更多的面，有哪些物体不适于当前的渲染设置需要被排除，从而节省渲染输出的时间。

　　(6)　修改 Radiosity 全局光源的参数设置，以便在渲染质量、渲染时间和内存使用上取得平衡。随着输出目的的改变，参数设置的差异也会很大。静帧图像可以花较长的时间以获得较高的输出质量，但在进行动画渲染输出时，就必须在画质上作一些牺牲。

　　(7)　光照效果不对物体进行网格表面的调整或三角结构面的细分，可以通过添加或调整 Advanced Lighting Override(高级灯光覆盖)材质的属性，获得表面细分的效果。

1.5 小型案例实训：超写实绿色植物三叶草的制作

本案例将讲解全局光照系统结合绿色植物的半透明材质制作真实的三叶草动画场景的方法，同时对高级灯光参数和飘散的花粉效果也进行了详尽的讲述，如图 1-69 所示。

图 1-69　绿色植物三叶草

三叶草的制作步骤如下。

(1) 打开 3ds Max 2016 软件，首先我们要制作绿色植物三叶草和土地的模型。进入设置命令面板的 Geometry(几何体)创建选项卡，单击 Box(立方体)按钮，在前视图中单击鼠标拖曳出一个 Box(立方体)模型，选择刚刚创建出的 Box(立方体)模型，进入设置命令面板的 Modify(修改)设置选项卡，在 Parameters(常规参数)设置卷展栏下，将 Length Segs(长度段数)的参数值设置为 4，将 Width Segs(宽度段数)的参数值设置为 3，将 Height Segs(高度段数)的参数值设置为 1，如图 1-70 所示。

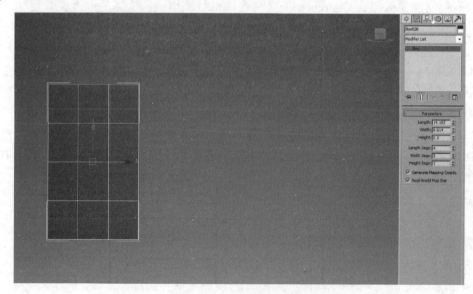

图 1-70　分别设置 Box(立方体)模型长宽高的段数

（2）为了塑造绿色植物三叶草叶瓣的外形，我们在 Box(立方体)模型上单击鼠标右键，在弹出的快捷菜单中选择 Convert to Editable Poly(转换为可编辑多边形)命令，如图 1-71 所示。

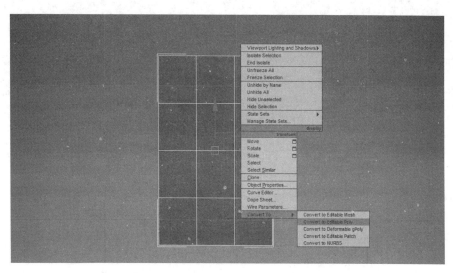

图 1-71　将 Box(立方体)模型转换为可编辑多边形

（3）选择场景中的 Box(立方体)模型，进入设置命令面板的 Modify(修改)设置选项卡，在 Selection(选择)参数设置卷展栏下，单击 Vertex(点)层级，单击工具栏中的移动按钮，将 Box(立方体)模型调节为如图 1-72 所示的形状。

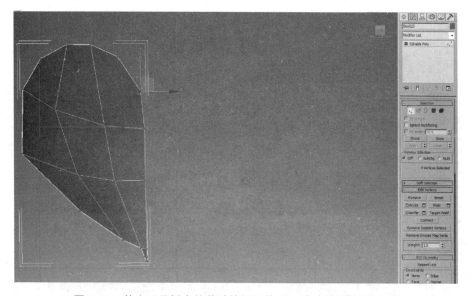

图 1-72　单击工具栏中的移动按钮调节 Box(立方体)模型的外形

（4）为了方便模型进行对称复制，我们要调节三叶草叶瓣模型中心轴向的位置。进入 Hierarchy(层次)选项卡，在 Adjust Pivot(调节轴心)参数设置卷展栏下，单击 Affect Pivot Only(仅影响轴)按钮，选择工具栏中的移动工具，将轴心的位置移动至如图 1-73 所示的位置(注意：当我们调节完毕模型轴心的位置后，一定要再次单击一下 Affect Pivot Only(仅影响轴)按钮来关闭它，以免后续步骤中出现误操作)。

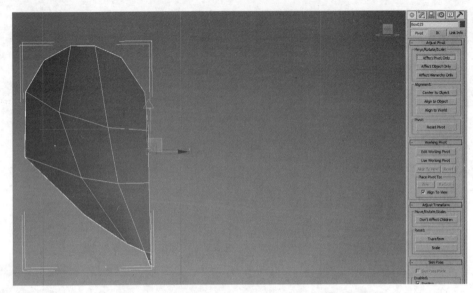

图 1-73　在 Hierarchy(层次)选项卡下调节三叶草叶瓣模型的中心轴向的位置

(5)　在设置命令面板的 Modify(修改)设置选项卡下，单击 Modifier List(修改器列表)右侧向下的按钮，选择 Symmetry(对称)修改器，在 Parameters(参数)设置卷展栏下勾选 Flip(翻转)选项，如图 1-74 所示。

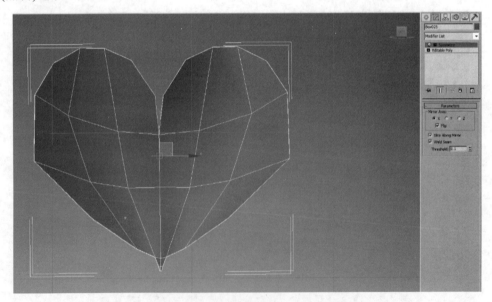

图 1-74　为三叶草叶瓣模型添加 Symmetry(对称)修改器

(6)　选择三叶草叶瓣模型，按 Shift 键，旋转复制出其余两片三叶草叶瓣，在弹出的 Clone Options(复制选项)对话框中选择 Instance(实例)的复制方式，单击 OK 按钮，如图 1-75

所示。

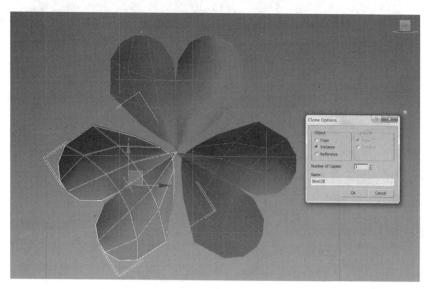

图 1-75　选择 Instance(实例)的复制方式旋转复制出其余两片三叶草叶瓣

　　(7)　接下来为了使得叶瓣的外形更真实,我们要为三叶草的叶瓣模型添加涡轮平滑修改器。在设置命令面板的 Modify(修改)设置选项卡下,单击 Modifier List(修改器列表)右侧的向下按钮,选择 TurboSmooth(涡轮平滑)修改器,在 TurboSmooth(涡轮平滑)的参数设置卷展栏下,将 Iterations(迭代次数)的参数值设置为 2,如图 1-76 所示。

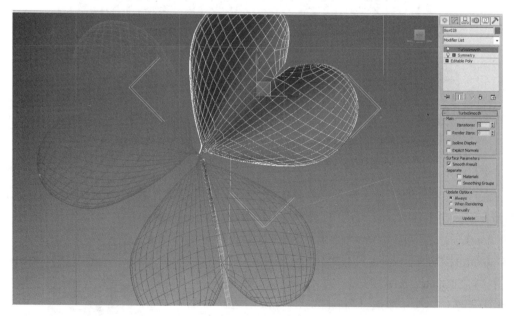

图 1-76　为三叶草的叶瓣模型添加 TurboSmooth(涡轮平滑)修改器

　　(8)　为了使绿色植物三叶草场景呈现出更加真实丰富的画面效果,我们采用 Poly(多边形)建模的方式,创建出其他模型的细节,如图 1-77 所示。

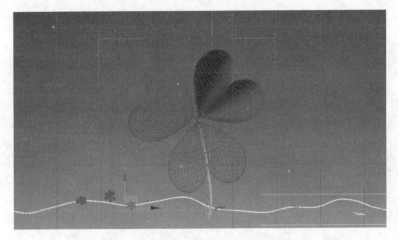

图 1-77　创建模型细节增加绿色植物三叶草场景的丰富性

(9) 为绿色植物三叶草场景创建一个摄影机。在透视图上单击以激活视图，接着按 Ctrl + C 组合键，这样就将透视图转变成了摄影机视图，同时还在场景中创建了一个摄影机，如图 1-78 所示。

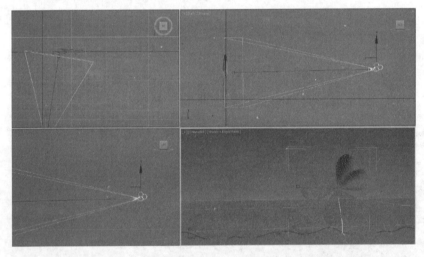

图 1-78　为绿色植物三叶草场景创建一个摄影机

(10) 为场景创建灯光。在设置命令面板的灯光创建选项卡下，单击 Photometric(光子灯光)右侧的向下箭头，在列表中选择 Standard(标准灯光)选项，将 Photometric(光子灯光)类型切换成 Standard(标准灯光)，如图 1-79 所示。

(11) 在 Standard(标准灯光)的 Object Type(灯光类型)卷展栏下单击 Target Spot(目标聚光灯)，在顶视图场景中建立一盏 Target Spot(目标聚光灯)，顶视图调整灯光照射位置到绿色植物三叶草场景的正后侧角度，在前视图调整灯光位置到绿色植物三

图 1-79　将 Photometric(光子灯光)类型切换成 Standard(标准灯光)

叶草场景的左上方，在场景中选择刚刚创建出的 Target Spot(目标聚光灯)，进入设置命令面板的 Modify(修改)设置选项卡，在 General Parameters(常规参数)卷展栏下，勾选 Shadows(阴影)选项开关，在 Intensity/Color/Attenuation(强度/颜色/衰减)卷展栏下将 Multipler(倍增)强度的参数值设置为 1.5，将 Far Attenuation(远衰减)的 Start(开始)和 End(结束)参数值分别设置为 358.561 和 375.126，如图 1-80 所示(注意：这里远衰减参数值的设置需要根据灯光与三叶草场景的距离灵活设定)。

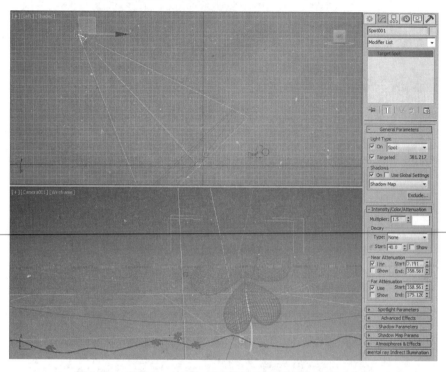

图 1-80　设置 Target Spot(目标聚光灯)的强度和衰减参数

(12) 进入 Shadow Parameters(阴影参数)设置卷展栏，将 Object Shadows(对象阴影)项目栏中的 Density(密度)参数值设置为 2，进入 Shadow Map Params(阴影贴图参数)设置卷展栏，将 Size(尺寸)的参数值设置为 2000，将 Sample Range(取样范围)的参数值设置为 10，如图 1-81 所示。

(13) 我们再为三叶草场景创建一盏 Skylight(天光)。单击 Skylight(天光)创建按钮，在顶视图中模型的右侧创建一盏 Skylight(天光)。选择刚刚创建出来的 Skylight(天光)，进入 Skylight Parameters(天光参数设置)卷展栏，将天光的 Multiplier(倍增)参数值设置为 0.8，如图 1-82 所示。

(14) 单击菜单栏中的 Rendering(渲染)菜单项，在下拉菜单中选择 Environment(环境)命令，在弹出的 Environment and Effects(环境和效果)对话框中，进入 Common Parameters(公用参数)卷展栏，在 Background(背景)项目栏下单击 Environment Map(环境贴图)下方的贴图通道 None 按钮，在弹出的 Material/Map Browser(材质/贴图浏览器)对话框中选择 Bitmap(位图)类型，单击 OK 按钮，再在弹出的 Select Bitmap Image Fole(选择位图文件)中选择一张绿色背景图片，如图 1-83 所示。

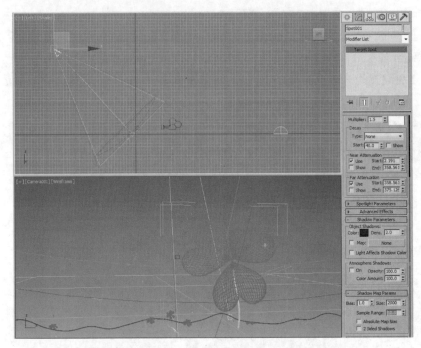

图 1-81　设置聚光灯的 Shadow Parameters(阴影参数)

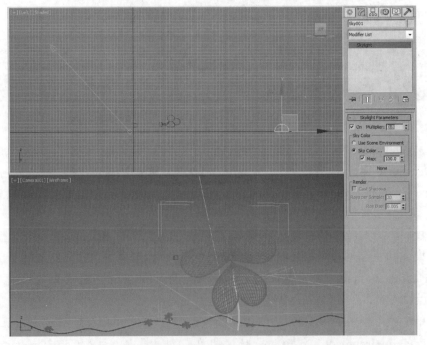

图 1-82　为三叶草场景创建一盏 Skylight(天光)并设置天光的倍增参数值

(15) 单击工具栏上的 Material Editor(材质编辑器)按钮，打开 Material Editor(材质编辑器)设置面板，将刚才添加到 Environment and Effects(环境和效果)贴图通道中的虚幻背景图片拖曳到第一个材质球上，在弹出的 Instance(Copy)Map(实例/复制贴图)对话框中选择 Instance(实例)的复制方式，单击 OK 按钮，如图 1-84 所示。

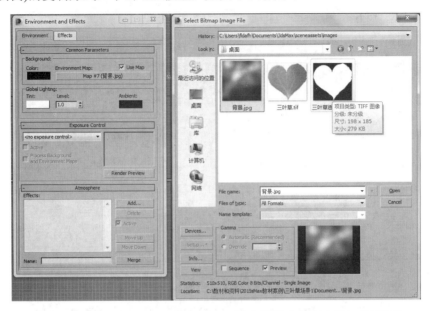

图 1-83　在 Environment and Effects(环境和效果)卷展栏中添加背景图片

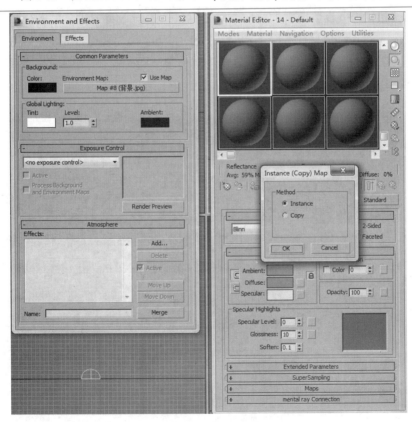

图 1-84　将 Environment and Effects(环境和效果)通道中的图片拖曳复制到第一个材质球上

(16) 打开 Bitmap Parameters(位图参数)设置卷展栏，在 Cropping/Placement(裁剪/放置)项目模块中勾选 Apply(应用)选项，单击 View Image(查看图像)按钮，用选择框选择需要的区域，如图 1-85 所示。

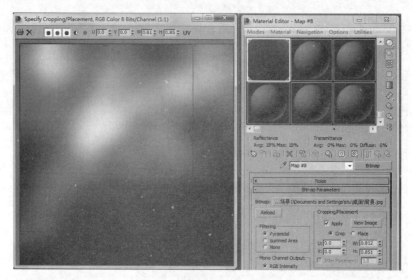

图 1-85　单击 View Image(查看图像)按钮并用选择框选择需要的区域

(17) 为三叶草模型设置逼真的材质。单击工具栏上的 Material Editor(材质编辑器)按钮，打开 Material Editor(材质编辑器)设置面板，将第二个材质球赋予三叶草的叶瓣模型，单击 Standard(标准)按钮，在弹出的 Material/Map Browser(材质/贴图浏览器)对话框中选择 Raytrace(光线追踪)材质，单击 OK 按钮，如图 1-86 所示。

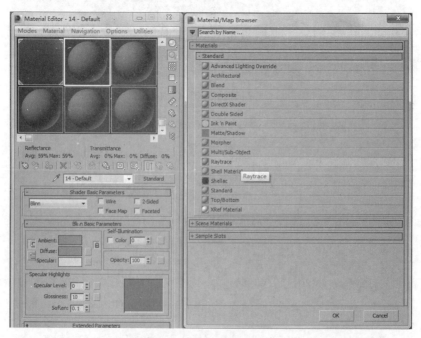

图 1-86　将 Standard(标准)材质切换为 Raytrace(光线追踪)材质

(18) 在 Raytrace Basic Parameters(光线追踪基本参数)设置卷展栏下，勾选 2-Sided(双面)选项，在 Specular Highlight(反射高光)项目栏中，设置 Specular Level(高光水平)参数值为 0，Glossiness(高斯)参数值为 45，Soften(软化)参数值为 0，如图 1-87 所示。

(19) 单击 Maps(贴图)卷展栏左侧的 "+" 号，进入 Maps(贴图)卷展栏，单击 Diffuse Color(漫反射颜色)右侧贴图通道的 None 按钮，在弹出的 Material/Map Browser(材质/贴图浏览器)对话框中选择 Bitmap(位图)材质类型，

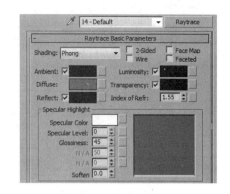

图 1-87　设置 Raytrace Basic Parameters (光线追踪基本参数)

单击 OK 按钮，在弹出的 Select Bitmap Image File(选择图片文件)对话框中选择一张三叶草图片，如图 1-88 所示。

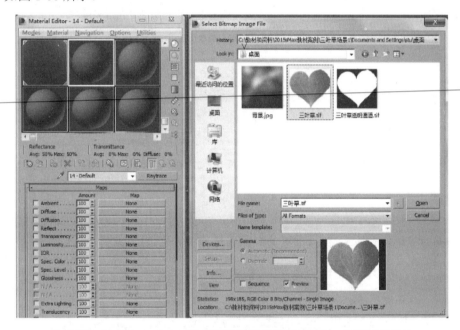

图 1-88　为 Diffuse Color(漫反射颜色)的贴图通道添加一张三叶草图片

(20) 单击返回上一层级按钮，回到 Maps(贴图)卷展栏下，单击 Transparency(透明)右侧的贴图通道 None 按钮，在弹出的 Material/Map Browser(材质/贴图浏览器)对话框中选择 Bitmap(位图)材质，单击 OK 按钮，在弹出的 Select Bitmap Image File(选择图片文件)对话框中选择一张三叶草外形的黑白图片，如图 1-89 所示。

(21) 进入 Transparency(透明)贴图通道的 Output(输出)卷展栏，勾选 Invert(反转)，勾选反转是因为透明贴图通道中加入三叶草外形的黑白图片后叶片显示不正确，所以需要反转一下，如图 1-90 所示。

3ds Max 2016 动画设计案例教程

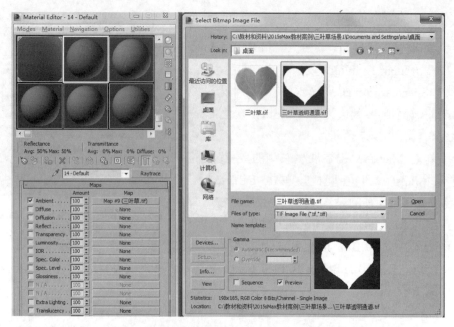

图 1-89　为 Transparency(透明)的贴图通道添加一张三叶草外形的黑白图片

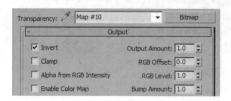

图 1-90　设置 Transparency(透明)贴图通道中的 Output(输出)参数

(22) 单击返回上一层级按钮，回到 Maps(贴图)卷展栏下，将 Diffuse Color(漫反射颜色)贴图通道中的三叶草图片拖曳到 Translucency(半透明)右侧的贴图通道上，在弹出的 Copy(Instance)Map(复制/实例贴图)对话框中选择 Copy(复制)的复制方式，单击 OK 按钮，如图 1-91 所示。

图 1-91　将漫反射颜色贴图通道中的三叶草图片拖曳复制到半透明贴图右侧的通道上

(23) 将 Translucency(半透明)贴图通道中的三叶草图片拖曳到 Bump(凹凸)右侧的贴图通道上，在弹出的 Copy(Instance)Map(复制/实例贴图)对话框中选择 Instance(实例)的复制方式，单击 OK 按钮，同时将 Bump(凹凸)贴图通道 Amount(数量)的参数值设置为 10，如

图 1-92 所示。

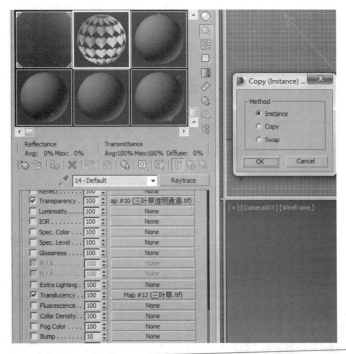

图 1-92 将半透明贴图通道中的三叶草图片拖曳复制到凹凸贴图右侧的通道上

(24) 单击 Luminosity(照明)右侧的贴图通道 None 按钮，在弹出的 Material/Map Browser(材质/贴图浏览器)对话框中选择 Falloff(衰减)材质，单击 OK 按钮，如图 1-93 所示。

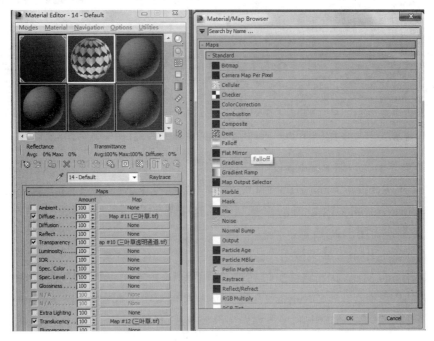

图 1-93 为 Luminosity(照明)贴图通道添加 Falloff(衰减)材质

(25) 进入 Falloff Parameters(衰减参数)设置卷展栏，将 Towards:Away 项目模块中第一个颜色块中的颜色调节为深绿色，将第二个颜色块中的颜色调节为浅绿色，将 Falloff Type(衰减类型)设置为 Towards/Away(朝向/背离)类型，如图 1-94 所示。

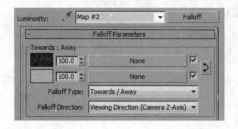

图 1-94　设置 Falloff Parameters(衰减参数)中的颜色和衰减类型

(26) 单击返回上一层级按钮 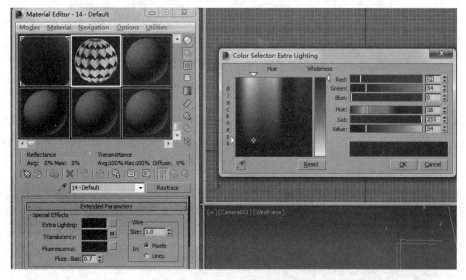 一次，进入 Extended Parameters(扩展参数)设置卷展栏，将 Special Effects(特殊效果)项目模块下的 Extra Lighting(附加光)的颜色设置为深绿色，如图 1-95 所示。

图 1-95　设置 Extended Parameters(扩展参数)卷展栏中特殊效果的颜色

(27) 单击菜单栏中的 Rendering(渲染)菜单项，在下拉菜单中选择 Render Setup(渲染设置)命令，打开 Render Setup(渲染设置)对话框，切换到 Advanced Lighting(高级灯光)选项卡，进入 Select Advanced Lighting(选择高级灯光)参数设置卷展栏，选择 Light Tracer(光线追踪)灯光类型，如图 1-96 所示。

(28) 在工具栏中单击渲染按钮，查看三叶草背光的渲染效果，如图 1-97 所示。

(29) 运用 3ds Max 2016 软件自带的粒子系统制作空气中的微生物光粒子效果。进入设置命令面板的创建面板，在 Geometry(几何体)创建选项卡中单击 Standard Primitives(标准几何体)右侧向下的小箭头，在弹出的下拉列表中选择 Particle Systems(粒子系统)选项，如图 1-98 所示。

图 1-96 设置 Light Tracer(光线追踪)灯光类型

图 1-97 查看三叶草背光的渲染效果

(30) 在 Particle Systems(粒子系统)的 Object Type(对象类型)卷展栏下，单击 PF Source(粒子流)按钮，在顶视图中拖曳创建出一个 PF Source(粒子流)发射器，选择刚刚创建的 PF Source(粒子流)发射器，进入设置命令面板的 Modify(修改)设置选项卡，在 Emission(发射)卷展栏下，将 Emitter Icon(发射图标)项目栏下的粒子发射器 Length(长度)的参数值设置为 54，将 Width(宽度)的参数值设置为 93，如图 1-99 所示。

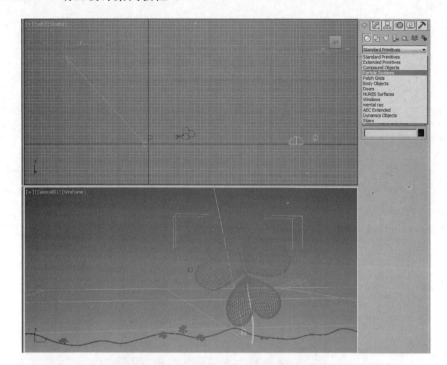

图 1-98　选择 Particle Systems(粒子系统)创建微生物光粒子效果

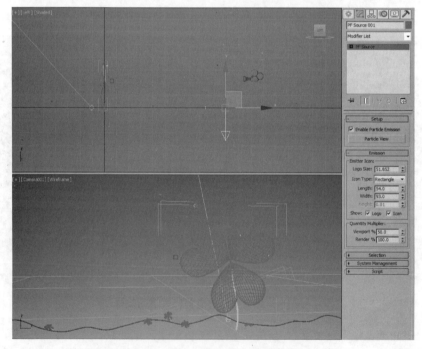

图 1-99　设置 PF Source(粒子流)发射器的基本参数

(31) 由于默认的 PF Source(粒子流)发射器的发射方向是向下的，因此单击工具栏中的旋转按钮，切换到前视图中，将 PF Source(粒子流)发射器向上旋转 180°，单击选择工具栏中的移动按钮，在前视图中将 PF Source(粒子流)发射器向左稍微移动位置，调节 PF

Source(粒子流)发射器的发射方向为偏右的向上方向，如图 1-100 所示。

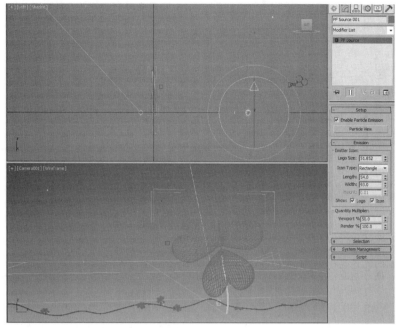

图 1-100　用旋转工具和移动工具调节 PF Source(粒子流)发射器的发射方向

(32) 在左视图中选择 PF Source(粒子流)发射器，进入设置命令面板的 Modify(修改)设置选项卡，在 Setup(设置)卷展栏下，单击 Particle View(粒子视图)按钮，打开 PF Source(粒子流)发射器的 Particle View(粒子视图)参数设置窗口，如图 1-101 所示。

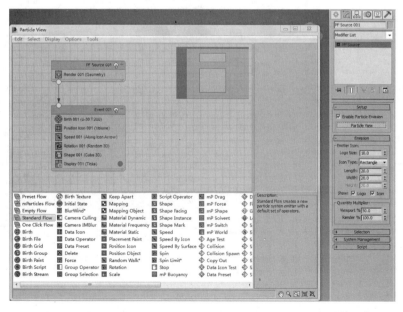

图 1-101　PF Source(粒子流)发射器的 Particle View(粒子视图)参数设置窗口

(33) 在 PF Source(粒子流)发射器的 Particle View(粒子视图)参数设置窗口中，选择 PF

Source 001(粒子流源 001)节点下面的 Render 001(Geometry)(渲染 001 几何体)命令，进入右侧的 Render 001(渲染 001)参数设置卷展栏，将 Visible(可见)的百分比参数值设置为 50(这个操作是为了在实时查看粒子效果时，减少粒子显示的数量来减轻电脑系统的负担)，如图 1-102 所示。

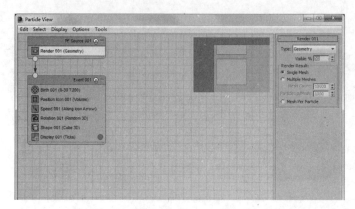

图 1-102　在 Particle View(粒子视图)中设置粒子的 Visible(可见)百分比

(34) 在 Event 001(事件 001)节点中选择 Birth 001(出生 001)命令，进入右边的 Birth 001(出生 001)参数设置卷展栏，将 Emit Start(发射开始)的参数值设置为-100，将 Emit Stop(发射停止)的参数值设置为 200，勾选 Rate(数率)方式，将 Rate(数率)的参数值设置为 250，如图 1-103 所示。

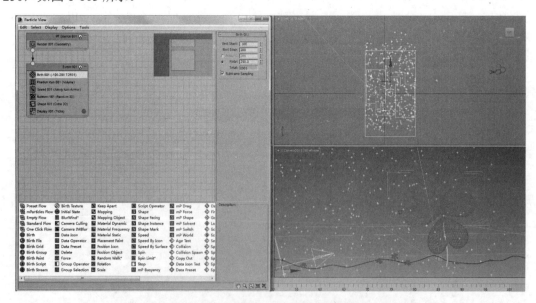

图 1-103　设置 PF Source(粒子流)发射器的发射时间和数量

(35) 在 Event 001(事件 001)节点中选择 Speed 001(速度 001)命令，进入右边的 Speed 001(速度 001)参数设置卷展栏，将 Speed(速度)的参数值设置为 23，将 Variation(变化)的参数值设置为 7(速度参数的大小会影响到粒子的发射速度，变化的参数大小会影响粒子在发射过程中紊乱变化的强度），如图 1-104 所示。

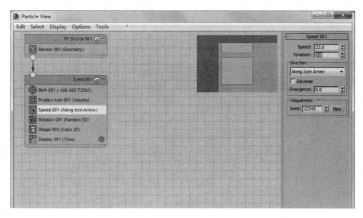

图 1-104   设置粒子发射器的速度参数和变化参数

(36)在 Particle View(粒子视图)下方的命令组中选择 Delete(删除)命令，将 Delete(删除)
命令拖曳至 Event 001(事件 001)节点中 Display 001(显示 001)的上方，在 Event 001(事件
001)节点中选择 Delete(删除)命令，在右侧打开 Delete 001(删除 001)的参数设置卷展栏，在
Remove(移除)方式中，勾选 By Particle Age(按粒子年龄)选项，将 Life Span(寿命)的参数值
设置为 95(这个参数值的大小将影响粒子的寿命长短，参数设置为 95 表示每个粒子在场景
中持续出现 95 帧后就会消失)，将 Variation(变化)的参数值设置为 13，如图 1-105 所示。

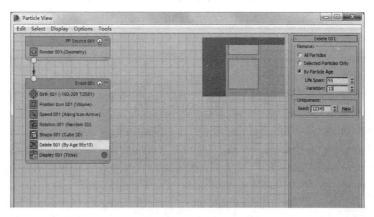

图 1-105   在 Event 001(事件 001)节点中添加 Delete(删除)命令并设置其参数

(37) 为了使微生物光粒子产生真实的动画效果，接下来我们要创建风力和重力。首先
将 Particle View(粒子视图)窗口最小化以便于我们后续的操作。进入修改命令面板中的创建
面板，单击 Space Warps(空间扭曲)效果按钮 ，在下拉列表中选择 Force(力)，单击
Wind(风力)按钮，在顶视图创建一个 Wind(风力)效果。切换到前视图，在工具栏中单击旋
转按钮，调节 Wind(风力)的发射方向，选择 Force(力)发射器，进入修改命令面板，在
Parameters(参数)设置卷展栏下，将 Force(力)的 Strength(强度)设置为 0.03，在 Wind 项目栏
下，将 Turbulence(湍流)的参数值设置为 0.05，Frequency(频率)的参数值设置为 0.83，
Scale(比例)的参数值设置为 0.03，如图 1-106 所示。

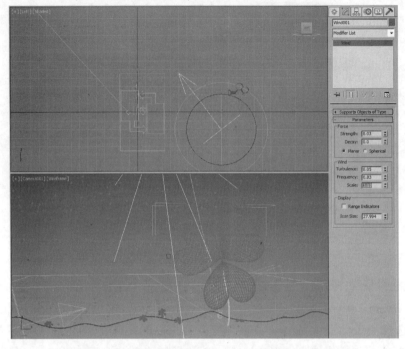

图 1-106　为光粒子创建 Wind(风力)发射器并设置其参数

(38) 下面我们来创建重力。进入修改命令面板中的创建面板，单击 Space Warps(空间扭曲)效果按钮 ≋，单击 Gravity(重力)按钮，在顶视图创建一个 Gravity(重力)发射器，切换到前视图，调节 Gravity(重力)的位置，如图 1-107 所示。

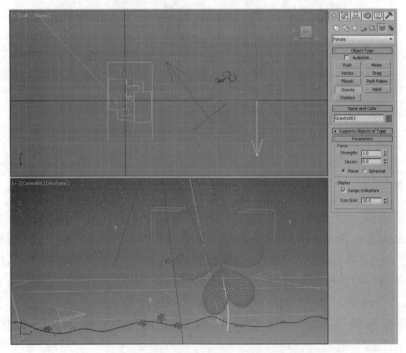

图 1-107　为光粒子创建 Gravity(重力)发射器并设置其参数

(39) 回到 Particle View(粒子视图)对话框中，在 Particle View(粒子视图)下方的命令组中选择 Force(力)命令，将 Force(力)命令拖曳至 Event 001(事件 001)的节点中，在 Event 001(事件 001)节点中选择 Force(力)命令，打开右侧的 Force 001(力 001)参数设置卷展栏，在 Force Space Warps(外力空间扭曲)项目栏下，单击 By List(按列表)添加按钮，在弹出的 Select Force Space Warps(选择外力空间扭曲)对话框中选择 Gravity001(重力 001)和 Wind001(风力 001)，单击 Select(选择)按钮，如图 1-108 所示。

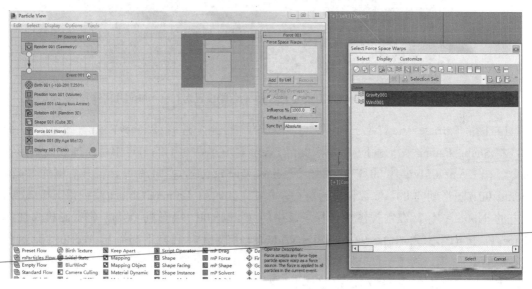

图 1-108　在 Event 001(事件 001)的节点中添加 Force(力)命令

(40) 将 Influence(影响)比例的参数设置为 180，如图 1-109 所示。

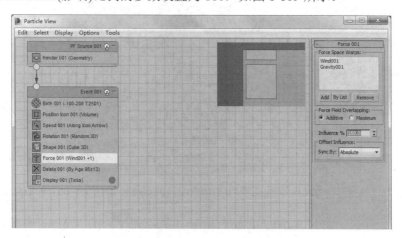

图 1-109　设置 Influence(影响)比例的参数

(41) 选择 Event 001(事件 001)节点中的 Display(显示)命令，打开右侧的 Display 001(显示 001)参数设置卷展栏，将 Type(类型)设置为 Geometry(几何体)类型，如图 1-110 所示。

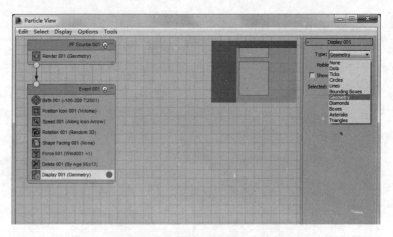

图 1-110　将 Display(显示)命令的 Type(类型)设置为 Geometry(几何体)

　　(42) 在 Particle View(粒子视图)窗口下方的命令组中选择 Shape Facing(图形朝向)命令, 将 Shape Facing(图形朝向)命令拖曳至 Event 001(事件 001)的节点中替换掉 Shape(形状)命令。在 Event 001(事件 001)节点中选择 Shape Facing(图形朝向)命令, 打开右侧的 Shape Facing 001(图形朝向 001)参数设置卷展栏, 单击 Look At Camera/Object(注视摄影机/对象)下方的 None 按钮, 在前视图中选择场景中的 Camera001(摄影机 001), 将摄影机添加进 Shape Facing(图形朝向)命令中, 在 Size/Width(尺寸/宽度)项目栏下选择 In World Space(在世界空间中)选项, 将 Units(单位)的参数值设置为 0.5(这个参数设置得越小, 渲染效果越精致, 因为粒子颗粒会显示得小), 如图 1-111 所示。

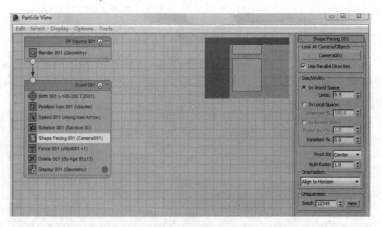

图 1-111　将 Shape Facing(图形朝向)命令添加到 Event 001(事件 001)的节点中

　　(43) 单击工具栏中的 Material Editor(材质编辑器)按钮 🔲, 打开 Material Editor(材质编辑器)设置面板, 设置光粒子的材质。选择第三个材质球赋予 PF Source(粒子流)发射器, 在 Shader Basic Parameters(明暗器基本参数)设置卷展栏下, 勾选 Face Map(面贴图)选项。进入 Blinn Basic Parameters(Blinn 基本参数设置)卷展栏下, 将 Diffuse(漫反射)的颜色设置为鲜艳的橙黄色。进入 Extended Parameters(扩展参数)卷展栏, 在 Advanced Transparency(高级透明)项目栏中, 将 Type(类型)设置为 Additive(叠加), 如图 1-112 所示。

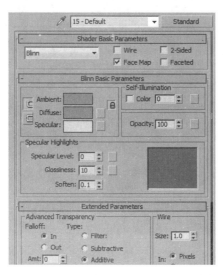

图 1-112　设置微生物光粒子的颜色参数和高级透明参数

(44) 单击 Maps(贴图)卷展栏左侧的 "+" 号，进入 Maps(贴图)卷展栏，单击 Opacity(透明)右侧贴图通道中的 None 按钮，在弹出的 Material/Map Browser(材质/贴图浏览器)对话框中选择 Gradient(渐变)贴图材质，单击 OK 按钮，如图 1-113 所示。

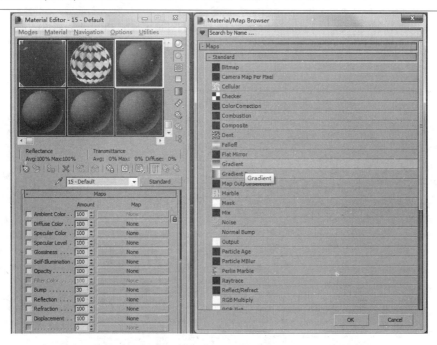

图 1-113　为 Opacity(透明)贴图通道添加 Gradient(渐变)材质

(45) 进入 Gradient Parameters(渐变参数)设置卷展栏，在 Gradient Type(渐变类型)中选择 Radial(径向)类型，在 Noise(噪波)项目栏中将 Amount(数量)的参数值设置为 0.4，将 Size(尺寸)的参数值设置为 8，如图 1-114 所示。

图 1-114 设置 Gradient Parameters(渐变参数)的数量和尺寸

(46) 在 Particle View(粒子视图)对话框下方的命令组中选择 Material Static(静态材质)命令，将 Material Static(静态材质)命令拖曳至 Event 001(事件 001)节点中，在 Event 001(事件 001)节点中选择 Material Static(静态材质)命令，在右侧打开 Material Static 001(静态材质 001)的参数设置卷展栏，将 Material Editor(材质编辑器)中刚刚设置的光粒子材质拖曳至 Material Static 001(静态材质 001)参数设置卷展栏下方的贴图通道 None 按钮上，在弹出的 Instance(Copy)Map(实例/复制贴图)对话框中选择 Instance(实例)的复制方式，单击 OK 按钮，如图 1-115 所示。

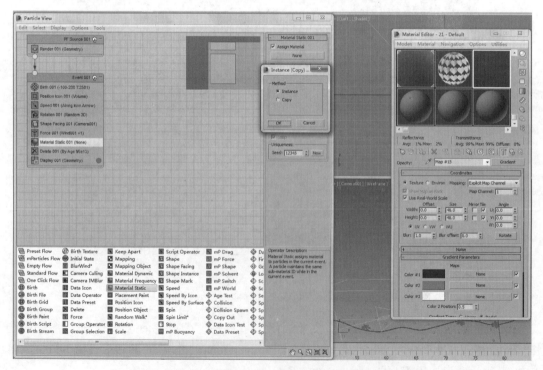

图 1-115 为 Material Static 001(静态材质 001)添加光粒子材质

（47）在 Material Static 001(静态材质 001)参数设置卷展栏下勾选 Assign Material ID(分配材质 ID)选项和 Show In Viewport(在视图中显示)选项，如图 1-116 所示。

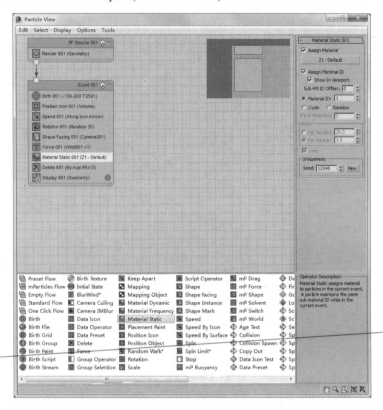

图 1-116　勾选 Assign Material ID(分配材质 ID)和 Show In Viewport(在视图中显示)选项

（48）在 PF Source 001(粒子流源 001)上单击鼠标右键，在弹出的快捷菜单中选择 Properties(属性)命令，如图 1-117 所示。

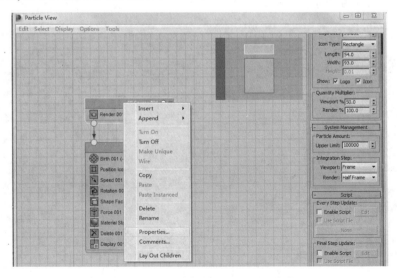

图 1-117　选择 Properties(属性)命令

(49) 在 Rendering Control(渲染控制)项目栏中将 G-Buffer(G 缓冲)下的 Object ID(对象 ID)设置为 1，如图 1-118 所示。

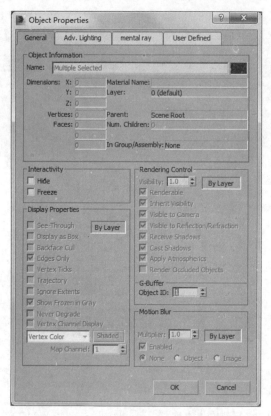

图 1-118　将 G-Buffer(G 缓冲)下的 Object ID(对象 ID)设置为 1

(50) 单击 3ds Max 2016 软件的 Rendering(渲染)菜单项，在下拉菜单中选择 Effects(效果)命令，如图 1-119 所示。

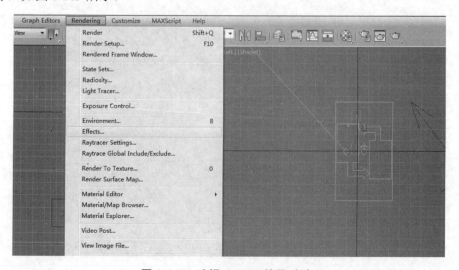

图 1-119　选择 Effects(效果)命令

(51) 在弹出的 Environment and Effects(环境与效果)参数设置对话框中，切换到 Effects(效果)选项卡，单击 Add(添加)按钮，在弹出的对话框中选择 Lens Effects(镜头效果)选项，单击 OK 按钮，如图 1-120 所示。

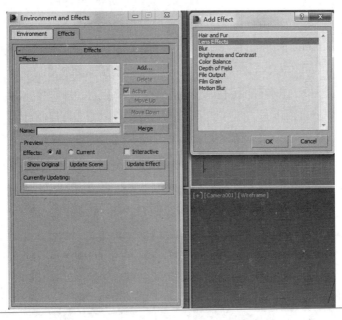

图 1-120　选择 Lens Effects(镜头效果)选项

(52) 进入 Lens Effects Parameters(镜头光晕参数)设置卷展栏，选择 Glow(光晕)选项，单击向右的箭头按钮，将 Glow(光晕)效果添加进来，如图 1-121 所示。

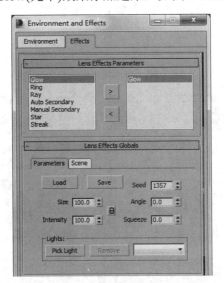

图 1-121　将 Glow(光晕)效果添加进镜头效果中

(53) 进入 Glow Element(光晕元素)参数设置卷展栏，将 Parameters(参数)选项卡中的 Size(尺寸)的参数值设置为 0.1，将 Intensity(强度)的参数值设置为 50，将 Use Source

Color(使用源色)的参数值设置为 100，如图 1-122 所示。

(54) 进入 Options(选项)选项卡，取消勾选 Apply Element To(应用元素于)下面的 Lights(灯光)选项，勾选 Image Sources(图像源)项目中的 Object ID(对象 ID)选项，并将其设置为 1，如图 1-123 所示。

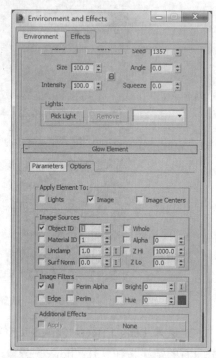

图 1-122　设置 Parameters(参数)选项卡下的数值　　　图 1-123　设置 Options(选项)选项卡下的参数

(55) 在工具栏中单击渲染按钮，查看最终三叶草与微生物光粒子场景的渲染效果，如图 1-124 所示。

图 1-124　查看最终三叶草与微生物光粒子场景的渲染效果

提示：　本小节为读者讲述了超写实绿色植物三叶草与微生物光粒子的制作方法与技巧，我们利用目标聚光灯与天光两种光源对象的参数设置来模拟微缩景观中太阳光的照射，实现光线透过三叶草半透明叶片照射到地面上的效果，通过三叶草与微生物光粒子大小远近的对比，营造出神秘的大光圈景深效果。

本 章 小 结

本章讲述了在 3ds Max 2016 软件中灯光的创建与参数设置对三维动画影片中场景氛围的烘托起着至关重要作用的原因，还详细论述了在三维动画场景中创建环境光源对象的原则、全局光照系统里光能传递与光线跟踪的设置方法。通过两个实例阐述了真实玻璃材质与半透明材质的参数设置方法，通过理论与实践相结合的分析讲述让读者掌握三维动画场景中灯光的创建方法与应用技巧。

习 题

简答题

1. 概述光能传递与光线跟踪的区别。

2. 3ds Max 2016 软件中共包含哪几种类型的灯光对象？

3. 使用区域阴影时，通常调节哪些参数会对场景的渲染产生义快义好的效果？

4. 3ds Max 2016 软件提供了哪两套全局光照系统？两种全局光照系统的区别主要体现在哪几点？

5. 概述材质编辑器中 Falloff(衰减)材质在制作半透明材质时所起的作用。

第 2 章

虚拟摄影机与实景匹配

本章要点

● 三维动画场景中的摄影机与真实世界中摄影机的共同点，摄影机的作用、摄影机的类型与摄影机的特性。

● 三维动画场景中目标摄影机与自由摄影机的创建方法，镜头语言表现的理论依据以及摄影机跟踪与匹配技术的实际应用技巧。

学习目标

● 掌握在 3ds Max 2016 软件中摄影机视图的渲染输出方法，焦距与景深参数的设置技巧、目标摄影机与自由摄影机的区别与联系。

● 掌握摄影机运动模糊的设置处理方法，熟练使用创建摄影机的匹配点使三维动画场景中摄影机的拍摄位置、角度、镜头与真实摄影机拍摄的实景照片图像相匹配。

2.1 摄影机类型

摄影机用于拍摄三维动画的场景，动画影片通常是在摄影机视图中渲染输出的，3ds Max 2016 中的摄影机与真实世界中摄影机的属性基本相同，也具有焦距、景深、视角、透视畸变等镜头光学特性，所以在创建与调整的过程中应当充分注意拍摄过程的各种技术细节。

右击视图名称，在弹出的快捷菜单中的 Views(视图)子菜单之下，列出了场景中所有摄影机视图的名称，从中选择一个摄影机的名称后，就可以将当前视图变换成该摄影机的摄影机视图，如图 2-1 所示，同时在主界面右下角出现摄影机视图控制工具。转换为摄影机视图的默认快捷键是 C。

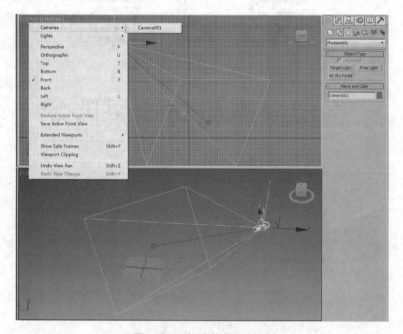

图 2-1　切换为摄影机视图

注意： 激活一个摄影机视图不会自动选择该摄影机对象。

在 3ds Max 2016 的摄影机创建命令面板中可以创建两种类型的摄影机：Target Camera(目标摄影机)和 Free Camera(自由摄影机)，如图 2-2 所示。

图 2-2　摄影机创建命令面板

1. Target Camera(目标摄影机)

目标摄影机常用于拍摄视线跟踪动画，即拍摄点固定不动，将镜头的目标点链接到动画对象之上，拍摄目光跟随动画对象的场面，如图 2-3 所示。

在摄影机创建命令面板的 Object Type 卷展栏中单击 Target 按钮，在场景中单击并拖动鼠标创建一部目标摄影机，鼠标单击的位置确定了目标摄影机的拍摄点位置，鼠标拖动的方向确定了目标摄影机的拍摄方向。

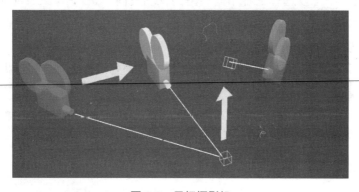

图 2-3　目标摄影机

2. Free Camera(自由摄影机)

自由摄影机没有目标拍摄点，比较适于绑定到运动对象之上，拍摄摄影机跟随运动的画面，如图 2-4 所示。

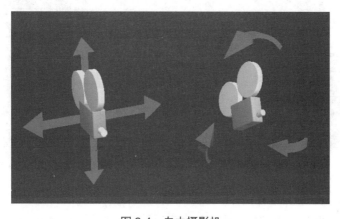

图 2-4　自由摄影机

2.2 摄影机参数

自由摄影机与目标摄影机的参数设置项目基本相同，如图 2-5 所示，都包含 Parameters(参数)卷展栏和 Depth of Field Parameters(景深参数)卷展栏。

2.2.1 Parameters 卷展栏

摄影机的 Parameters(参数)卷展栏如图 2-6 所示。

1) Lens(镜头)项目

设置摄影机的焦距长度，单位为毫米(mm)，也可以在下面的 Stock Lenses 项目中指定一个预设的镜头类型。

2) FOV Direction(视场方向)项目

在下拉按钮组中可以选择三种不同类型的视场方向：↔ Horizontal(水平方向)；↕ Vertical(垂直方向)；↗ Diagonal(对角线方向)。

3) Orthographic Projection(正投影)项目

勾选该选项，摄影机视图如同用户视图一样；取消勾选该选项，摄影机视图如同透视图一样。

图 2-5 摄影机参数卷展栏

图 2-6 Parameters 卷展栏

4) Stock Lenses(镜头堆栈)项目

在镜头堆栈中列出了 9 种不同类型的预设镜头，它们是：15mm、20mm、24mm、

28mm、35mm、50mm、85mm、135mm、200mm。

5)　Type(类型)项目

可以指定当前摄影机是目标摄影机还是自由摄影机。

🗒 提示：　　如果从目标摄影机转换为自由摄影机，任何指定到摄影机目标点的动画都会
　　　　　　丢失。

6)　Show Cone(显示视锥)项目

勾选该选项，显示摄影机的棱锥形视阈范围，视锥只显示在其他类型的视图中，不显
示在摄影机视图中。

7)　Show Horizon(显示地平线)项目

在摄影机视图中显示一条深灰色的地平线。

8)　Environment Ranges(环境范围)项目

- Near Range(近距范围)：指定大气效果的近距范围。
- Far Range(远距范围)：指定大气效果的远距范围，对象在两个范围之间依据距离
  百分比进行淡化处理。
- Show(显示)：勾选该选项后，在摄影机光锥中显示一个矩形，标明近距距离与远
  距距离的参数设置。

9)　Clipping Planes (剪切平面)项目

剪切平面是显示在摄影机视锥中的红色矩形线框(带有对角线)。

- Clip Manually(手动剪切)：勾选该选项后，可以手动定义剪切平面；取消勾选该
  选项后，当场景中的对象与摄影机的距离小于 3 个单位时，该对象在摄影机视图
  中不显示。
- Near Clip(近距剪切)：指定近距剪切平面，如果对象与摄影机之间的距离小于近
  距剪切平面与摄影机间的距离，该对象不出现在摄影机视图中。如果勾选 Clip
  Manually 选项，可以将近距剪切指定为0.1。
- Far Clip(远距剪切)：指定远距剪切平面，如果对象与摄影机之间的距离大于远距
  剪切平面与摄影机间的距离，该对象不出现在摄影机视图中。

💡 注意：　　过高的远距剪切设置会导致浮点计算错误，使视图中的 Z-buffer (Z 缓冲)通
　　　　　　道出现问题。

10)　Multi-Pass Effect(复合传递效果)项目

在该项目中可以为摄影机指定复合传递方式的景深效果和运动虚化效果，这样会增加
场景渲染计算的时间。

- Enable(有效)：勾选该选项，可以预览或渲染景深效果和运动虚化效果。
- Preview(预览)：单击该按钮，可以在激活的摄影机视图中预览景深效果和运动虚
  化效果，如果当前激活的视图不是摄影机视图，该按钮无效。
- Effect(效果下拉列表)：在下拉列表中选择复合传递效果，可以选择的效果包括：

Depth of Field(景深效果)、Depth of Field (mental ray)或 Motion Blur(运动虚化效果)。这两种效果是相互排斥的，只能同时为摄影机指定一种效果。

- Render Effects Per Pass(渲染效果传递)：勾选该选项后，可以在每次复合传递过程中同时执行渲染效果(如色彩平衡、虚化、镜头效果等)。

对于自由摄影机还包含以下的附加选项。

Target Distance(目标距离)：设置一个不可见的拍摄目标点，自由摄影机可以围绕该点盘旋拍摄。

2.2.2 Depth of Field Parameters 卷展栏

Depth of Field Parameters(景深参数)卷展栏如图 2-7 所示。

1) Focal Depth(焦点深度)项目

- Use Target Distance(使用目标距离)：勾选该选项后，使用摄影机到目标点之间的距离作为焦点深度；取消勾选该选项后，使用下面的 Focal Depth(焦点深度)参数确定焦点深度，默认为勾选状态。

- Focal Depth(焦点深度)：当取消勾选 Use Target Distance 选项后，可以指定焦点深度数值，取值范围为 0.0～

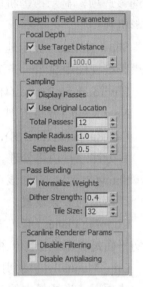

图 2-7 Depth of Field Parameters 卷展栏

100.0。设置为 0.0，表示摄影机当前的位置；设置为 100.0，表示无穷远，默认设置为 100.0。较低的 Focal Depth 设置会获得比较小的景深，景深之外的对象会模糊不清，如图 2-8 所示。

图 2-8 景深虚化效果

2) Sampling(采样)项目

● Display Passes(显示过程)：勾选该选项后，虚拟帧缓冲显示复合渲染的过程；取消勾选该选项后，虚拟帧缓冲只显示最终的渲染结果，默认为勾选状态。

● Use Original Location(使用初始位置)：勾选该选项后，在摄影机的初始位置渲染最初的过程，默认为勾选状态。

● Total Passes(总步数)：该参数用于指定产生效果的总步数，增加该参数可以增加效果的精细程度，同时要耗费更多的渲染时间，默认设置为 12。

● Sample Radius(采样半径)：指定进行虚化采样的半径尺寸，增加该参数可以增加虚化的效果；减小该参数可以减小虚化的效果，默认设置为 1.0。

● Sample Bias(采样偏斜)：该参数用于指定虚化效果朝向或远离采样半径，增加该参数会增加景深虚化的一般效果；减小该参数会增加景深虚化的随机效果。该参数的取值范围为 0.0～1.0，默认设置为 0.5。

3) Pass Blending(步数融合)项目

● Normalize Weights(规格化权重)：勾选该选项后，权重被规格化，可以创建更为光滑的效果，默认为勾选状态。

● Dither Strength(抖动强度)：该参数用于确定渲染过程中的抖动量，增加该参数的设置可以加大抖动量，会获得比较明显的颗粒效果，特别是在对象的边缘，默认设置为 0.4。

● Tile Size(拼接尺寸)：该参数用于设置抖动纹理的尺寸，该参数是百分比参数，设置为 0 获得最小的拼接；设置为 100，则获得最大的拼接，默认设置为 32。

4) Scanline Renderer Params(扫描线渲染器参数)项目

● Disable Filtering(取消过滤)：勾选该选项后，取消滤镜的作用效果，默认为取消勾选状态。

● Disable Antialiasing(取消抗锯齿)：勾选该选项后，取消抗锯齿的作用效果，默认为取消勾选状态。

对于 Depth of Field Parameters(mental ray Renderer)卷展栏，还有一个选项如图 2-9 所示。

f-Stop(视阈终结)：设置摄影机视阈终结的距离，减小该参数可以扩大景深范围。

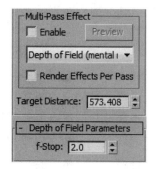

2.2.3 Motion Blur Parameters 卷展栏

Motion Blur Parameters(运动虚化参数)卷展栏如图 2-10 所示。

图 2-9　mental ray 景深参数

1) Sampling(采样)项目

● Display Passes(显示过程)：勾选该选项后，虚拟帧缓冲显示复合渲染的过程；取消勾选该选项后，虚拟帧缓冲只显示最终的渲染结果，默认为勾选状态。

- Total Passes(总步数)：该参数用于指定产生效果的总步数，增加该参数可以增加效果的精细程度，同时要耗费更多的渲染时间，默认设置为 12。

- Duration (frames)(持续时间-帧数)：该参数用于指定进行运动虚化处理的帧数，默认设置为 1.0。

- Bias(采样偏斜)：该参数用于指定虚化效果朝向或远离当前帧，增加该参数虚化会朝向后面的两帧；减小该参数虚化会朝向前面的两帧。该参数的取值范围是 0.0～1.0，默认设置为 0.5。

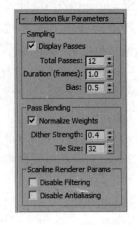

图 2-10　Motion Blur Parameters 卷展栏

2) Pass Blending(步数融合)项目

- Normalize Weights(规格化权重)：勾选该选项后，权重被规格化，可以创建更为光滑的效果，默认为勾选状态。

- Dither Strength(抖动强度)：该参数用于确定渲染过程中的抖动量，增加该参数的设置可以加大抖动量，会获得比较明显的颗粒效果，特别是在对象的边缘，默认设置为 0.4。

- Tile Size(拼接尺寸)：该参数用于设置抖动纹理的尺寸，该参数是百分比参数，设置为 0，获得最小的拼接；设置为 100，则获得最大的拼接，默认设置为 32。

3) Scanline Renderer Params(扫描线渲染器参数)项目

- Disable Filtering(取消过滤)：勾选该选项后，取消滤镜的作用效果，默认为取消勾选状态。

- Disable Antialiasing(取消抗锯齿)：勾选该选项后，取消抗锯齿的作用效果，默认为取消勾选状态。

2.3　镜　头　动　作

镜头画面是构成动画叙事、抒情、表意语言的基本元素，它的性质、特点及构图结构特性对组接连续叙述有着异常重要的作用。动画是用于表现运动的，除了主体角色运动之外，还有体现一定观察方式和表现视点的拍摄运动，这些都将给镜头画面空间处理带来时间中的进展、变化和转换。

镜头动作可以表达镜头的内容及含义，经由画面的变化就可以看出拍摄者所要传达的镜头语言。正如普多夫金所说过的"一直到现在还只是像一个静止不动的观众似的摄影机，好像终于有了生命。它获得了自由活动的能力，并且把一个静止的观众变成一个活动的观察者"。

在动画编辑过程中经常涉及的镜头动作包括：推、拉、摇、移、跟、甩、升、降、鸟瞰等，如图 2-11～图 2-13 所示。

(a)   (b)

图 2-11 推、拉镜头动作效果

图 2-12 摇镜头动作效果

推、拉、摇、移、跟、甩、升、降等镜头动作都有各自的用途，在镜头运动过程中透视关系不断变化(散点透视)，方位、角度、景别、光影等也可随之改变。画面结构关系的调整，运动拍摄的速度、节奏由两个因素所决定：对象运动形态要求的表现形式；运动表现形式赋予对象的特殊含义。

图 2-13　跟镜头动作效果

由于镜头和角色可能同时运动，就会产生运动之间的同向、异向、相聚 3 种相对关系。

(1) 同向：镜头和角色的运动朝向一致，角色在画面中的空间位置、景别都不改变，变化的只是动画场景。

(2) 异向：镜头和角色的运动朝向相反，在画面中角色的景别越来越小。

(3) 相聚：镜头和角色相向运动，着重强调聚拢时的时空关系和运动力度，画面的构图安排不在运动过程中，而是在起幅、落幅时的画面安排和构图结构的处理上。

镜头动作可以赋予角色或景物运动状态以深刻的含义，并赋予角色运动以特殊的节奏和韵律。

变焦拍摄方式分为两种类型：一种是将被拍摄主体拉近逐渐放大，即所谓"拉"；另一种是将已放大的被拍摄主体逐渐缩小，即所谓"推"。用这两种方式来进行素材拍摄，就称为"变焦拍摄"。利用变焦拍摄可以产生表现对象及表现重点的改变，还可以改变物距、变化景别及其与背景的映衬关系。

在变焦拍摄的过程中要注意以下几个方面。

1. 变焦拍摄首先要有目的性

在变焦拍摄的过程中必须注意画面要表达的目的，如想让观众注意到什么重点、细节或凸显及强调主题的时候，用"拉"的方式来进行拍摄；当想说明被拍摄主体周围的环境情况、局部与整体的关系或打算切换画面的时候，就可以采用"推"的方式来进行拍摄。

2. 不同的变焦速度可以获得不同的转切效果

对于想立刻引起人们注目的镜头，可以用快速变焦来放大；当希望先让人们了解周围的环境之后，再从环境中捕捉被拍摄的主体时，可以用慢速来进行变焦。

3. 镜头的变化要模仿人眼运动观看的规律

因为人眼不会像镜头一样推来拉去，所以变焦有时会造成异常的视觉感受。极快速和极缓慢的变焦过程相对于中速变焦更适合人的视觉习惯，在镜头变焦距的同时移动动画场景可使其产生的机位动作掩饰变焦距的动作。

学习镜头动作的最佳方式就是观摩影片，学习他人作品中的一些成熟手法，正如摄影师约翰·阿朗索所说"我临摹了许多经典老片，模仿其中的镜头"等。

2.4　摄影机跟踪与匹配

利用 Camera Match(摄影机匹配工具)程序和 CamPoint(摄影点)帮助对象，可以使场景摄影机的拍摄位置、角度、镜头与真实摄影机拍摄的背景图像相匹配。

2.4.1　摄影机匹配帮助对象

帮助对象是一种辅助操作的对象，不能被渲染输出，在 3ds Max 2016 中，帮助对象创建命令面板如图 2-14 所示。

在帮助对象创建命令面板中，有 9 种类型的帮助对象：Standard(标准辅助工具)、Atmospheric Apparatus (大气装置工具)、Camera Match (摄影机匹配工具)、Manipulators (操纵器)、VRML97(虚拟现实辅助工具 97)、Assembly Heads(集成头)、Particle Flow(粒子流)、MassFx(动力学)、CAT Objects(CAT 对象)。

如图 2-15 所示，在帮助工具创建命令面板中，可以创建一种摄影机匹配帮助对象，即 CamPoint(摄影点)帮助对象。

图 2-14　帮助对象创建命令面板

图 2-15　摄影机匹配帮助对象

摄影点帮助对象常与 Camera Match(摄影机匹配工具)程序联合使用，使场景摄影机的拍摄位置、角度、镜头与真实摄影机拍摄的背景图像相匹配，这样便可以在渲染场景时，使场景摄影机拍摄的场景与背景图像或动画精确地配合在一起。

摄影点在场景中确定一个位置，该位置定义在背景图像中可以见到的一个拍摄点，将这些摄影点与背景图像中的拍摄点位置相比较之后，就可以确定场景摄影机的拍摄位置，如图 2-16 所示，场景摄影机与拍摄背景图像的真实摄影机相匹配。

图 2-16　摄影点

2.4.2　摄影机匹配程序

　　程序命令面板如图 2-17 所示，通过该命令面板可以访问各种实用程序。在 3ds Max 2016 中程序被作为外挂插件模式，还可以加入更多由第三方开发商创建的实用程序，这些附加外挂程序的帮助文件，可以通过菜单命令 Help→Additional Help 访问。

　　程序命令面板中包含管理和调用程序的项目，在调用一个程序后，该程序的参数设置项目出现在程序命令面板的下面。

　　摄影机匹配程序利用场景中的背景位图和 5 个或更多个的 CamPoint(摄影点)对象，创建或编辑一部摄影机，使该摄影机的位置、方向、视阈范围与拍摄背景位图的真实摄影机相匹配。

　　(1)　CamPoint Info (摄影点信息)卷展栏如图 2-18 所示。

图 2-17　程序命令面板

图 2-18　摄影点信息卷展栏

　　● 在列表中将显示场景中所有摄影点帮助对象的名称，从列表中选择一个摄影点帮助对象后，可以指定屏幕坐标点位置，如果直接在场景中选择一个摄影点对象，在列表中同时会高亮显示选定的摄影点帮助对象名称。

- Input Screen Coordinates (输入屏幕坐标)下的 X/Y：用于在一个二维平面中调整屏幕坐标点的位置。

- Use This Point(使用这个点)：在列表中选择一个摄影点后，勾选该选项后，可以在 X/Y 区域中精确输入坐标点的位置；取消勾选该选项后，可以暂时关闭一个坐标点的作用效果，如果因为摄影点过多(例如超过 5 个)，使摄影机匹配过程产生错误，就要利用该选择暂时关闭几个摄影点。

- Assign Position(指定位置)：用于在场景中的背景位图上单击放置一个屏幕坐标点，使该坐标点匹配到背景位图的拍摄位置。单击 Assign Position 按钮之后，从列表窗口中选择一个摄影点对象，然后在背景图像中相对于当前场景的空间拍摄点位置单击鼠标放置该摄影点，重复该操作为列表中的所有摄影点指定对应的拍摄位置后，就可以在 Camera Match 项目中单击 Create Camera(创建摄影机)按钮，基于这些指定的摄影点位置创建一部场景摄影机。

(2) Camera Match(摄影机匹配)卷展栏如图 2-19 所示。

- Create Camera(创建摄影机)按钮：单击该按钮，可在场景中创建一部摄影机，该摄影机的位置、方向、拍摄范围基于当前在场景创建的摄影点帮助对象位置。

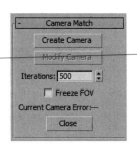

图 2-19　Camera Match 卷展栏

- Modify Camera(编辑摄影机)按钮：单击该按钮，可基于当前指定的摄影点帮助对象和屏幕坐标点，调整场景中选定摄影机的拍摄位置、角度、拍摄范围。

- Iterations(重复)：设置在计算摄影机位置过程中的最大重复次数，默认为 500，一般在小于 100 的情况下也能取得较好的匹配结果。

- Freeze FOV(冻结镜头)：勾选该选项后，在创建摄影机或编辑摄影机的过程中，保证摄影机的 FOV(拍摄范围)不被修改，该选项用于已经明确知道拍摄场景背景图像的真实摄影机的镜头尺寸。

- Current Camera Error(当前摄影机错误)：显示在最终的摄影机匹配计算过程中，在屏幕坐标点、摄影点帮助对象和摄影机位置之间计算错误数值。在实际的匹配过程中很少是完全吻合的，允许的错误值范围为 0～1.5，如果错误数值高于 1.5，最好重新调整摄影点的位置。

- Close(关闭)按钮：单击该按钮，退出摄影机匹配程序。

2.4.3　摄影机追踪程序

当制作一段飞行器飞向高山的影片时，可以在实地用真实的摄影机航拍一段接近高山的背景影片，然后在 3ds Max 2016 中创建飞行器的模型后，输出一段飞行器飞行的动画，再将这两部影片合成在一起后，就可以得到最终所需的影片了。

利用摄影机追踪程序可以为场景中的摄影机指定运动拍摄过程，使场景摄影机的运动拍摄过程与真实摄影机拍摄背景影片的运动过程完美地配合在一起，这样便可以使合成输出的影片更加真实自然。

Movie(背景影片)卷展栏如图 2-20 所示。

在该项目中可以导入一部用于摄影机追踪的影片，还可以控制影片的显示、导入或保存 MOT 文件，该文件存储着摄影机追踪的信息。

图 2-20　Movie 卷展栏

- Movie file(影片名称)按钮：单击该按钮，选择并打开一个用于追踪的影片文件，还可以打开.ifl(image file list)静态图像序列文件，.ifl 是一种图像列表文件，利用 IFL Manager(IFL 文件管理器)能够创建这种图像列表文件，使用任何位图选择对话框都可以选择图像序列。当打开影片文件后，它显示在一个 Movie Window(影片窗口)中。

- Display movie(显示影片)按钮：单击该按钮，重新开启一个已经关闭或最小化的影片窗口，利用影片窗口可以直接通过浏览的影片设置和调整追踪线框。

- Show frame(显示帧)：用于设置在影片窗口中显示影片的帧步幅，在 Movie Stepper 项目中提供了附加的设置参数。

- Deinterlace(非交错场)：为当前追踪影片的帧指定一个视频非交错场滤镜。如果当前追踪的视频影片出现明显的场交错效果，应勾选该选项，以使最终的追踪匹配计算能够正确地进行；如果当前追踪的视频影片是一部数字化的影片，则不能为其指定视频非交错场滤镜，否则会使追踪结果不精确。视频非交错场滤镜只是临时作用于导入影片的帧，不会对原始的影片文件产生影响。可以选择 Off(关闭)选项，不使用视频非交错场滤镜；选择 Odd(奇数场)选项，使用奇数场进行插值处理；选择 Even(偶数场)选项，使用偶数场进行插值处理。

- Fade display(淡化显示)：勾选该选项后，在影片窗口中以 50%的透明度淡化显示背景影片，使追踪线框更清晰地显示。

- Auto Load/Save settings(自动导入/保存)：将当前影片的追踪设置状态和所有位置数据，保存到一个指定的文件中，勾选 Auto Load/Save settings 选项后，可以在调整和设置追踪器的过程中，自动将调整结果更新保存到该文件中，也可以在任意时刻单击 Save 按钮进行存储操作。另外，如果勾选 Auto Load/Save settings 选项后，在摄影机追踪程序中打开一个影片文件后，追踪器会自动重新导入该影片文件的设置文件。

勾选 Auto Load/Save settings 选项后，追踪器自动将设置文件保存到与影片文件相同的文件夹中，文件名称也与影片文件相同，扩展名为.mot。可以将影片文件与该设置文件同时移动到其他文件夹中，追踪器会自动找到该设置文件，如果要清除影片设置或设置文件被损坏，可以删除该文件。取消勾选 Auto Load/Save settings 选项后，可以打开一个没有参数设置的影片文件，当前追踪文件的名称显示在影片项目的底部。

- Save(保存)按钮：单击该按钮，将当前的追踪设置状态和所有位置数据保存到.mot 文件中。
- Save As(另存为)按钮：单击该按钮，将当前设置保存到一个新的.mot 文件中。
- Load(导入)按钮：单击该按钮，从其他的.mot 文件中导入追踪设置状态和位置数据。

Movie Window(影片窗口)如图 2-21 所示。在影片窗口中，追踪线框显示为两个方块、一个匹配中心点和追踪器编号。中心的方块被称为特写范围框，标定着被追踪的主要范围；外部的方块被称为运动查询范围框，标定着影片帧与帧之间的查询范围。匹配中心点是摄影机在背景图像与当前场景摄影点对象坐标之间进行运动匹配的坐标中心，要将匹配中心点放置到最接近场景摄影点对象的位置上。

图 2-21　影片窗口

对于反差强烈的背景图像，可以扩大特写范围框的范围，这样便可以包含更多的环境图像像素，使追踪的结果更为精确。

运动查询范围框定义的范围基于在每一帧中由特写范围框定义的范围，所以会随同特写范围框一同移动。在运动查询范围框中定义的范围对最终的追踪结果影响很大，如果该区域设定得过大，追踪匹配的计算过程会非常漫长，而且由于多余范围的影响，使追踪结果有更大的不确定性；如果该区域设定得过小，追踪结果往往会发生错误。

如果在创建追踪器之前将 Max Move/Frame 选项设定为最大运动，在指定追踪器之后，运动查询范围框会自动设定大小以包容该运动。在任意时刻都可以调整影片窗口中的运动查询范围。

提示： 可以为影片不同的帧范围指定不同的运动查询范围，这样便可以优化整个追踪查询过程。

在 Movie 卷展栏中单击 Display movie 按钮后就可以开启影片窗口，在其中默认显示影片的当前帧和激活的追踪线框。如果是第一次打开影片，影片窗口会自动调整尺寸以最大化显示影片当前帧的内容；如果影片过大，窗口自动为影片指定一个缩放比例。可以通过拖动影片窗口边缘的方式重新设定窗口的显示尺寸。

通过用鼠标单击并拖动追踪线框的控制手柄可以调整线框的作用范围，如果拖动了内部特写范围框的一个边角控制手柄，相对另一个边角控制手柄会对称地移动，以保持线框中心位置相对稳定。

摄影机追踪程序还包含以下参数设置卷展栏：Motion Trackers(运动追踪)卷展栏、Movie Stepper(影片步幅)卷展栏、Batch Track(追踪批处理)卷展栏、Error Thresholds(错误阈限)卷展栏、Position Data(位置数据)卷展栏、Match Move(匹配运动)卷展栏、Move Smoothing(光滑运动)卷展栏、Object Pinning(锁定对象)卷展栏。

2.5 小型案例实训：快艇模型与摄影机的匹配技术

本案例将通过使用摄影机的匹配工具，讲解如何将一艘超写实的快艇三维模型完美匹配到实景拍摄的集装箱素材照片中的方法，如图 2-22 和图 2-23 所示。

图 2-22　拍摄的集装箱素材照片

图 2-23　超写实的快艇模型完美匹配到实景拍摄的集装箱素材照片中

操作步骤如下。

(1) 打开 3ds Max 2016 软件，进入设置命令面板的 Standard Primitives(基本几何体)创建选项卡，如图 2-24 所示。

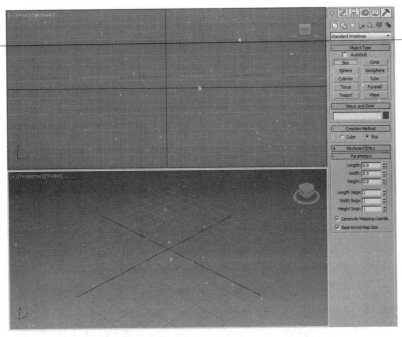

图 2-24　Standard Primitives(基本几何体)创建选项卡

(2) 在设置命令面板的创建选项卡中单击 Box(长方体)按钮，在透视图中拖曳创建出一个 Box(长方体)模型，如图 2-25 所示。

(3) 在透视图中选择 Box(长方体)模型，进入设置命令面板的 Modify(修改)设置选项卡，将 Parameters(参数)卷展栏下的 Length Segs(长度段数)、Width Segs(宽度段数)及 Height Segs(高度段数)的参数值都设置为 1，如图 2-26 所示。

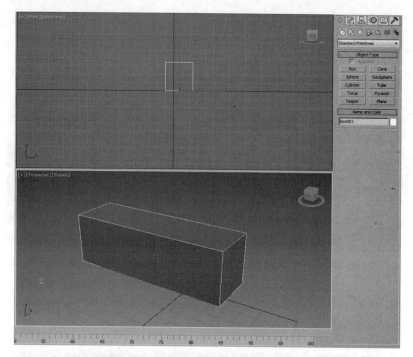

图 2-25　创建出一个 Box(长方体)模型

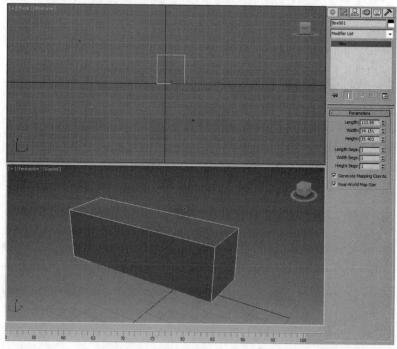

图 2-26　设置 Box(长方体)模型的长度段数、宽度段数及高度段数的参数值

(4)　在创建命令选项卡中单击按钮 ，进入 Helper(辅助对象)设置面板，单击 Standard(标准)右侧的向下箭头，在弹出的下拉菜单中选择 Camera Match(摄影机匹配)创建类型，如图 2-27 所示。

(5)　在 3ds Max 2016 软件的主工具栏中单击三维捕捉工具按钮 ，将场景的捕捉方式设定为三维空间捕捉，并在该按钮上右击，在弹出的如图 2-28 所示的 Grid and Snap Settings(网格和捕捉设置)对话框中，勾选其中的 Vertex(节点)选项。

图 2-27　指定摄影机匹配创建类型

图 2-28　勾选 Vertex(节点)选项指定捕捉至空间中的节点位置

(6)　返回创建命令选项卡，单击 按钮，进入 Helper(辅助对象)设置面板，在 Object Type(对象类型)设置卷展栏下单击 CamPoint(摄影点)按钮，在场景中长方体的一个边角节点上单击，创建一个摄影点，如图 2-29 所示。

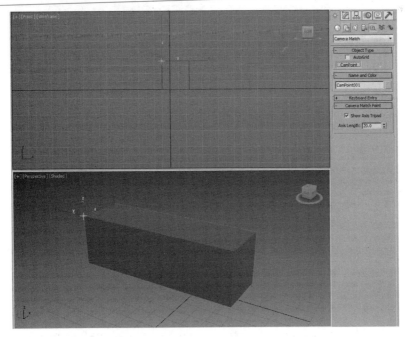

图 2-29　在场景中长方体的一个边角节点上单击创建摄影点

(7)　依据相同的操作步骤在该长方体的其余 3 个边角节点位置单击，创建摄影点，如图 2-30 所示。

(8)　依据相同的操作步骤在长方体的下方 4 个边角节点位置单击，创建摄影点，如图 2-31

所示。

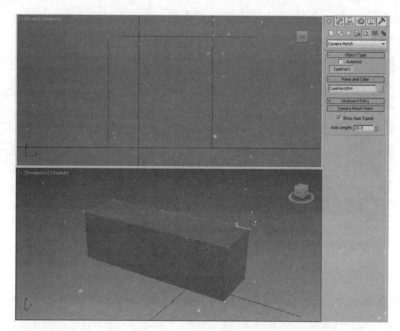

图 2-30　在长方体的其余 3 个边角节点位置单击创建摄影点

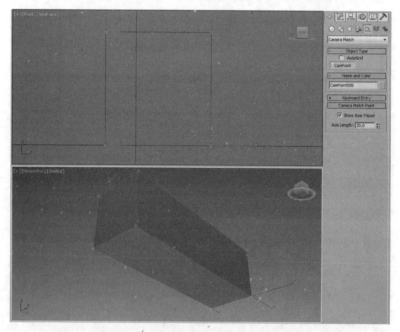

图 2-31　在长方体的下方 4 个边角节点位置单击创建摄影点

(9) 单击 Rendering(渲染)按钮，在下拉菜单中选择 Environment(环境)命令，打开
Environment and Effects(环境和效果)设置对话框，单击 Environment Map(环境贴图)项目栏
下方贴图通道中的 None 按钮，如图 2-32 所示。

(10) 在弹出的 Material/Map Browser(材质/贴图浏览器)对话框里选择 Bitmap(位图贴图)

选项，如图 2-33 所示。

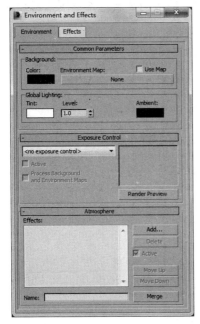

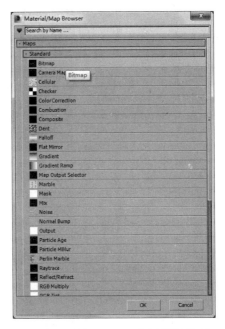

图 2-32　单击 Environment Map(环境贴图)项
目栏下方贴图通道中的 None 按钮

图 2-33　选择 Bitmap(位图贴图)选项

(11) 单击 OK 按钮关闭 Material/Map Browser(材质/贴图浏览器)对话框的同时弹出
Select Bitmap Image File(选择位图图像文件)对话框，在其中浏览选择实景拍摄的集装箱素
材位图图像文件，如图 2-34 所示。

图 2-34　选择实景拍摄的集装箱素材位图图像文件

(12) 在 Select Bitmap Image File(选择位图图像文件)对话框中单击 Open(打开)按钮后，回到 Environment and Effects(环境和效果)对话框，实景拍摄的集装箱素材图片已经添加到 Environment Map(环境贴图)项目栏下方贴图通道的按钮上，如图 2-35 所示。

图 2-35　实景拍摄的集装箱素材图片已经添加到 Environment Map(环境贴图)的通道按钮上

(13) 单击 Views(视图)按钮，在下拉菜单中选择 Viewport Configuration(配置视图背景)命令，打开 Viewport Configuration(配置视图背景)设置对话框，在 Background(背景)选项卡中勾选 Use Files(使用文件)选项，在 Aspect Ratio(纵横比)项目栏下勾选 Match Viewport(匹配视图)选项，单击 Files(文件)按钮，将实景拍摄的集装箱素材图片导入，如图 2-36 所示。

图 2-36　Viewport Configuration(配置视图背景)设置对话框

(14) 在透视图中顶部 Shaded(明暗处理)的名称上右击，在弹出的快捷菜单中选择 Custom Image File(自定义图像文件)命令，实景拍摄的集装箱素材图片显示在了透视图中，如图 2-37 所示。

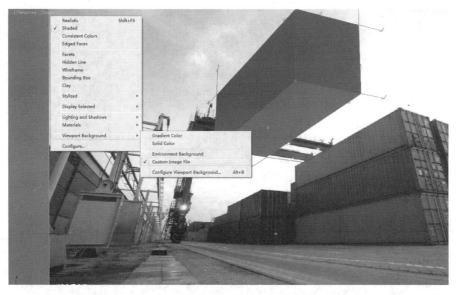

图 2-37　选择 Custom Image File(自定义图像文件)命令

(15) 单击按钮 进入设置命令面板的 Utilities(实用程序)设置选项卡，单击 Configure Button Sets(配置按钮集)按钮，在弹出的 Configure Button Sets(配置按钮集)对话框中选择 Camera Match(摄影机匹配)选项，单击将 Camera Match(摄影机匹配)选项拖曳至右侧 Utilities(实用程序)项目栏列表中，单击 OK 按钮，如图 2-38 所示。

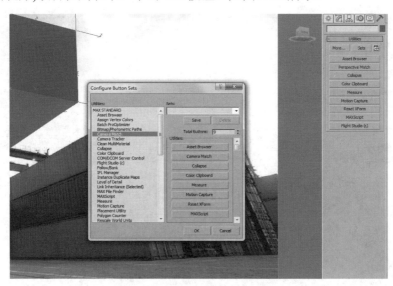

图 2-38　在 Configure Button Sets(配置按钮集)对话框中选择 Camera Match(摄影机匹配)选项

(16) 在 Utilities(实用程序)参数设置卷展栏下，单击 Camera Match(摄影机匹配)按钮，在 CamPoint Info(摄影机点信息)列表中选择第一个摄影点 CamPoint001(摄影机点 001)，单击 Assign Position(指定位置)按钮，在背景画面中蓝色集装箱上方的左前角单击，创建一个红色的位置点，将摄影点和该位置点对应在一起，如图 2-39 所示。

图 2-39   在背景画面中蓝色集装箱上方的左前角创建一个红色的位置点

(17) 在摄影点列表中选择第二个摄影点 CamPoint002(摄影机点 002)，单击 Assign Position(指定位置)按钮，在背景画面中蓝色集装箱上方的右前角单击，创建一个红色的位置点，将摄影点和该位置点对应在一起，如图 2-40 所示。

图 2-40   在背景画面中蓝色集装箱上方的右前角创建一个红色的位置点

(18) 依据相同的操作步骤，为 8 个摄影机点分别指定背景图像中对应的位置点，如图 2-41 所示。

图 2-41　为 8 个摄影机点分别指定背景图像中对应的位置点

(19)在 Camera Match(摄影机匹配)参数设置卷展栏中，单击 Create Camera(创建摄影机)按钮，在场景中自动依据设置的摄影机点的信息创建一部摄影机，如图 2-42 所示。

图 2-42　计算机自动依据设置的摄影机点的信息创建一部摄影机

(20) 在 Perspective(透视图)的名称上右击，从弹出的快捷菜单中选择 Cameras→Camera001 命令，如图 2-43 所示，将 Perspective(透视图)转换为 Camera001(摄影机 001)视图。

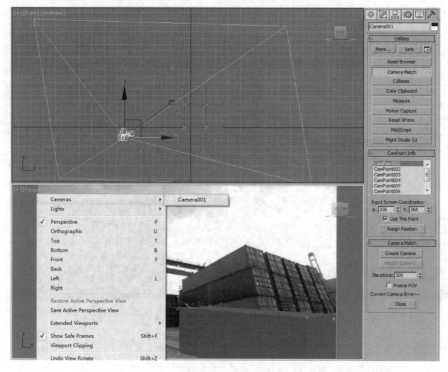

图 2-43　将 Perspective(透视图)转换为 Camera001(摄影机 001)视图

(21) 摄影机匹配的结果如图 2-44 所示，三维虚拟场景中的长方体和实景拍摄的集装箱背景图像完美地结合在一起。

图 2-44　三维虚拟场景中的长方体和实景拍摄的集装箱背景图像完美地结合在一起

(22) 为了便于后期查看，调节快艇模型与背景图片的匹配。选择场景中的蓝色长方体模型，在 Camera001(摄影机 001)视图中上方的 Shaded(明暗处理)文字上右击，在弹出的快捷菜单中选择 Bounding Box(边界框)命令，使长方体模型呈现半透明显示，如图 2-45 所示。

图 2-45　使场景中的蓝色长方体模型呈现半透明显示

(23) 单击菜单栏中的文件按钮，在下拉菜单中选择 Import(导入)→Merge(合并)命令，将快艇模型合并进场景中，如图 2-46 所示。

图 2-46　在下拉菜单中选择 Import(导入)→Merge(合并)命令

(24) 在打开的 Merge File(合并文件)对话框中，选择快艇模型文件，单击 Open(打开)按钮，如图 2-47 所示。

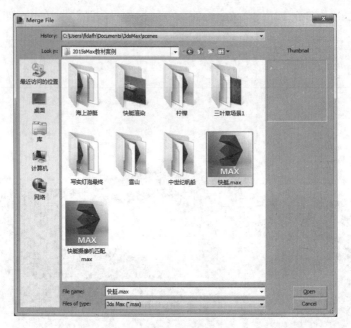

图 2-47　选择快艇模型文件

(25) 弹出如图 2-48 所示的 Merge(合并)对话框，在其中选择快艇模型。

图 2-48　选择快艇模型

(26) 在 Merge(合并)对话框中单击 OK 按钮，如图 2-49 所示，快艇的模型被完美地合并到当前实景拍摄的照片中。

(27) 为快艇模型制作真实的地面阴影效果。进入 Standard Primitives(基本几何体)创建选项卡，在设置命令面板的创建选项卡中选择 Plane(平面)选项，在顶视图中拖曳，创建出一个 Plane(平面)模型作为地面，如图 2-50 所示。

图 2-49　快艇的模型被完美地合并到当前实景拍摄的照片中

图 2-50　创建出一个 Plane(平面)模型作为地面

(28) 单击工具栏上的 Material Editor(材质编辑器)按钮，打开 Material Editor(材质编辑器)对话框，将第一个材质球赋予 Plane(平面)模型，单击其中的 Standard(标准)按钮，在弹出的 Material/Map Browser(材质/贴图浏览器)对话框里选择 Matte/Shadow(遮屏/阴影)材质类型，单击 OK 按钮，如图 2-51 所示。

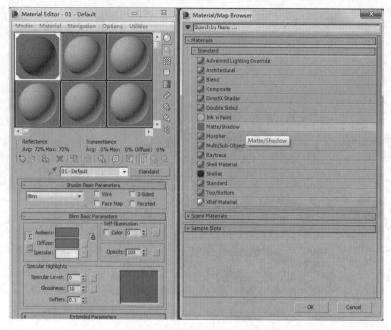

图 2-51 选择 Matte/Shadow(遮屏/阴影)选项

(29) 进入 Matte/Shadow Basic Parameters(遮屏/阴影基本参数)设置卷展栏下，在 Shadow(阴影)项目中勾选 Receive Shadows(接受阴影)和 Affect Alpha(影响透明通道)选项，如图 2-52 所示。

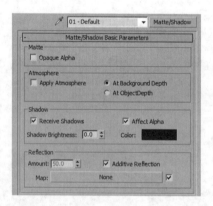

图 2-52 勾选 Receive Shadows(接受阴影)和 Affect Alpha(影响透明通道)选项

(30) 单击菜单栏中的 Rendering(渲染)菜单，在下拉菜单中选择 Environment(环境)命令，接下来单击工具栏上的 Material Editor(材质编辑器)按钮 ，打开 Material Editor(材质编辑器)对话框，将 Environment and Effects(环境和效果)参数设置对话框中实景拍摄的集装箱素材图片拖曳至第二个材质球上，在弹出的 Instance(Copy)Map(实例/复制贴图)对话框中选择 Instance(实例)的复制方式，单击 OK 按钮，如图 2-53 所示。

(31) 进入 Coordinates(坐标)卷展栏，将 Mapping(贴图)的类型设置为 Screen(屏幕)类型，如图 2-54 所示。

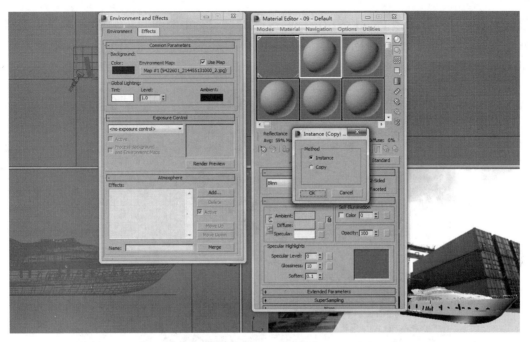

图 2-53　将实景拍摄的集装箱素材图片拖曳至第二个材质球上并选择 Instance(实例)的复制方式

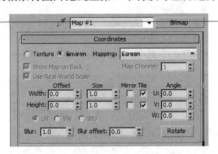

图 2-54　将 Mapping(贴图)的类型设置为 Screen(屏幕)类型

(32) 在 Standard(标准灯光)的 Object Type(灯光类型)卷展栏下单击 Target Direct Light(目标平行光)按钮,在顶视图场景中建立一盏 Target Directional Light(目标平行光)作为场景中的主光源,在顶视图调整灯光照射位置至快艇模型的右前方,在前视图稍微向左移动灯光的位置,调整灯光的位置至快艇模型的左上方,在工具栏中单击缩放按钮,将 Target Directional Light(目标平行光)的光照范围放大到可以覆盖整个快艇模型,如图 2-55 所示。

(33) 在场景中选择 Target Directional Light(目标平行光),进入设置命令面板的 Modify(修改)设置选项卡,在 General Parameters(常规参数)卷展栏下,勾选 Shadows(阴影)选项开关,选择 Adv.Ray Traced(高级光线跟踪)类型,在 Intensity/Color/Attenuation(强度/颜色/衰减)卷展栏下将 Multiplier(倍增)强度的参数值设置为 0.8,如图 2-56 所示。

(34) 为了增强快艇模型阴影的真实效果,我们进入 Adv. Ray Traced Params(高级光线跟踪参数)设置卷展栏,将 Basic Options(基本选项)设置为 2-Pass Antialias(双过程抗锯齿)类型,将 Shadow Quality(阴影质量)的参数值设置为 4,将 Shadow Spread(阴影扩散)的参数值设置为 5.0，在 Shadow Parameters(阴影参数)设置卷展栏中勾选 Map(贴图)选项，并单击右侧贴图通道的 None 按钮，在弹出的 Material/Map Browser(材质/贴图浏览器)对话框里选择Bitmap(位图贴图)选项，如图 2-57 所示。

图 2-55　在顶视图场景中建立一盏 Target Directional Light(目标平行光)并调整其位置

图 2-56　调节 Target Directional Light(目标平行光)的阴影类型和灯光强度

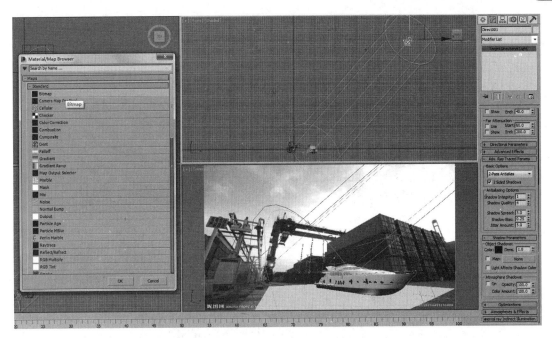

图 2-57　设置 Adv. Ray Traced Params(高级光线跟踪参数)

(35) 在弹出如图 2-58 所示的 Select Bitmap Image File(选择位图图像文件)设置对话框中选择实景拍摄的集装箱素材图片。

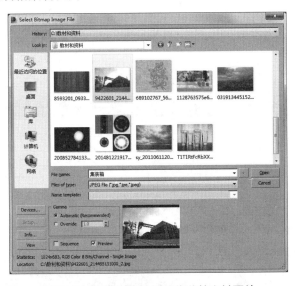

图 2-58　选择实景拍摄的集装箱素材图片

(36) 单击 Open(打开)按钮关闭 Select Bitmap Image File(选择位图图像文件)设置对话框，为场景再创建一盏 Target Directional Light(目标平行光)作为辅助光源。进入设置命令面板的 Modify(修改)设置选项卡，因为辅助光源的作用是照亮场景中模型的暗部，所以不需要勾选阴影，在 Intensity/Color/Attenuation(强度/颜色/衰减)卷展栏下将 Multiplier(倍增)强度的参数值设置为 0.5，如图 2-59 所示。

图 2-59　创建一盏 Target Directional Light(目标平行光)作为辅助光源并设置灯光强度

(37) 在工具栏中单击渲染按钮，查看快艇模型与实景拍摄的照片完美匹配合成的渲染效果，如图 2-60 所示。

图 2-60　查看快艇模型与实景拍摄的照片完美匹配合成的渲染效果

提示：　　本案例为读者讲述了快艇三维模型与实景照片匹配的设置方法与技巧，在场
景捕捉方式的设置中只勾选 Vertex(节点)选项，切记不要勾选其他选项，避
免后期三维场景中摄影机的摄影点捕捉定位出错。在进行摄影机匹配时，要
仔细地将红色的匹配点与摄影机的摄影点对齐重合，只有这样才能最终将三
维模型与实景照片完美地匹配在一起。

本 章 小 结

本章我们为读者介绍了在 3ds Max 2016 软件中摄影机的分类，目标摄影机与自由摄影
机两种类型摄影机的区别与创建方法，还详细地讲述了各种镜头动作与镜头语言所要传达
的动画影片内涵。最后我们在小型案例实训环节引用了快艇三维模型与实景照片匹配的设
计案例，讲解了三维动画影片场景中虚拟摄影机跟踪与匹配技术在项目制作过程中的设置
方法与技巧。

习　　题

简答题

1. 在 3ds Max 2016 的摄影机创建命令面板中可以创建哪两种类型的摄影机？

2. 如何在 3ds Max 2016 场景中添加背景图像？

3. 在添加摄影点的过程中要注意哪几个方面？

4. 利用哪两个工具可以使场景摄影机的拍摄位置、角度、镜头与真实摄影机拍摄的
背景图像相匹配？

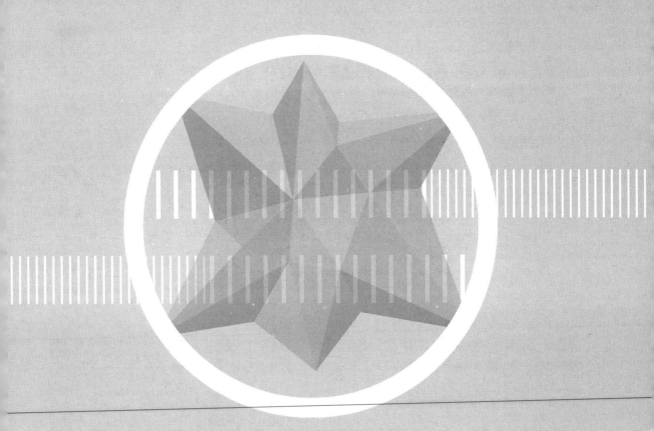

第3章

电影级超写实海面风暴环境的营造

本章要点

● 3ds Max 2016 软件中环境编辑选项卡与效果编辑选项卡的功能与参数的设置方法。

● 掌握在暴风雨中波涛汹涌的海水材质的实现方法、海水水面动画效果的实现技巧以及浓雾中大气环境的设置要点。

学习目标

● 掌握在环境编辑选项卡中通用参数、曝光控制参数、大气效果参数在渲染输出时的设置方法与要点。

● 掌握在效果编辑选项卡中添加镜头与虚化效果、镜头光晕、亮度对比度、色彩平衡、胶片颗粒等优化渲染效果功能模块的方法与其参数的设置技巧。

3.1　环境和效果编辑器

选择 Rendering→Environment(渲染→环境)菜单命令，打开 3ds Max 2016 的 Environment and Effects(环境和效果)编辑器，如图 3-1 所示。

3.1.1　环境编辑选项卡

在环境和效果编辑器中包含 Environment(环境)和 Effects(效果)两个选项卡，其中环境编辑选项卡可以实现以下功能。

(1) 设置背景色彩或指定背景色彩变换的动画。

(2) 为渲染输出的场景指定背景贴图。

(3) 设置环境灯光或指定环境灯光变换的动画。

(4) 使用大气效果插件。

(5) 为渲染输出指定曝光控制。

环境编辑选项卡包含以下 4 个卷展栏。

1. Common Parameters(通用参数)卷展栏

在该卷展栏中的 Background(背景)选项下可以为场景指定背景色彩和背景贴图；在 Global Lighting(通用灯光)选项中可以为整个场景设置均匀的光照环境。

图 3-1 环境和效果编辑器

环境编辑选项卡中的通用灯光，可以为场景提供一种类似泛光灯的均匀照明，能够保证场景的基本照度。不过通用灯光的强度不宜设置得过高，过高的设置使场景中其他灯光失去意义，同时也使整个场景平淡缺乏层次。

2. Exposure Control(曝光控制)卷展栏

该卷展栏用于控制渲染输出的色彩范围和输出级别，与高级光照系统配合使用。

3．Atmosphere(大气)卷展栏

该卷展栏用于模拟真实世界当中的一些大气效果，可以创建的大气效果包括：Fire(火焰)、Fog(雾)、Volume Fog(体积雾)、Volume Light(体积光)。

在 3ds Max 2016 创建的三维虚拟世界之中，是绝对真空的理想状态，空间中没有空气和灰尘的悬浮颗粒，于是灯光看上去就不大真实自然。例如，大气效果中的体积光就用于模拟在真实世界当中光穿透大气与空气中悬浮颗粒的效果，如图 3-2 所示。

图 3-2　体积光大气效果

4．选定的大气效果设置卷展栏

依据当前选定的大气效果类型，在该卷展栏中显示大气效果的参数设置项目。

3.1.2　效果编辑选项卡

利用效果编辑选项卡可以在渲染输出之前动态交互地查看渲染输出的效果，在编辑效果参数的过程中，虚拟帧缓冲会自动渲染参数设置的结果，为了节省时间也可以设定为手动更新模式。使用效果编辑选项卡可以完成以下操作。

(1)　指定一个渲染效果插件。

(2)　在不开启 Video Post 对话框的情况下，进行图像处理操作。

(3)　交互式地调整并预览指定的效果。

(4)　为场景中的对象指定效果参数变换的动画。

效果编辑选项卡如图 3-3 所示。

单击 Add(添加)按钮显示 Add Effect(添加效果)对话框，如图 3-4 所示，在该对话框的列表中选择一个效果后，单击 OK 按钮将选定效果加入渲染效果编辑器中。

在效果编辑选项卡中可以指定的效果包括：Hair and Fur(头发和毛皮效果)、Lens Effects (镜头效果)、Blur (虚化效果)、Brightness and Contrast (亮度与对比度效果)、Color Balance (色彩平衡效果)、File Output (文件输出效果)、Film Grain (胶片颗粒效果)、Motion Blur (运动模糊效果)、Depth of Field (景深效果)。

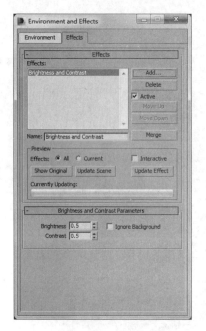

图 3-3　效果编辑选项卡　　　　　　　　图 3-4　添加效果对话框

1. Hair and Fur(头发和毛皮效果)

这里的头发和毛皮效果通常与修改命令面板中的毛发系统配合使用，可以模拟毛发被光线照射所产生的阴影细节，能够极大地提升毛发的质感和真实度。

2．Lens Effects(镜头效果)

镜头效果通常与摄影机配合使用，模拟真实的镜头光学效果，如镜头光斑、发光、闪烁、光环等，如图 3-5 所示。

图 3-5　镜头效果

3．Blur(虚化效果)

虚化效果用于对最终渲染输出的图像或动画影片进行虚化处理，如图 3-6 所示。虚化效果依据在 Pixel Selections(像素选择)选项卡中设定的模式，作用于单独的图像像素之上，可以选择虚化整幅图像、不虚化场景背景元素、依据明度数值进行虚化、使用贴图遮罩进行虚化。虚化效果可以使输出的动画影片更为真实，常用于创建梦幻或摄影机移动拍摄的效果。

4．Brightness and Contrast(亮度与对比度效果)

亮度与对比度效果用于调整渲染输出图像的亮度和对比度，如图 3-7 所示。此效果可以使渲染输出的场景对象更好地匹配到背景图像或背景动画之上。

图 3-6　虚化效果

图 3-7　调整画面的亮度和对比度

5．Color Balance(色彩平衡效果)

色彩平衡效果通过独立调整 R/G/B 3 个色彩通道，平衡渲染输出图像的色彩效果。

6．File Output(文件输出效果)

文件输出效果用于在执行其他效果之前，首先为场景的渲染输出结果拍摄一个"快照"，文件输出的时间依赖于文件输出效果在渲染效果堆栈中的排序。

可以将明度、景深、Alpha 通道保存在分离的文件中，还可以将 RGB 图像转换到不同的通道，并将图像通道传送回渲染效果堆栈中，在堆栈中位于文件输出效果之上的其他效果可以指定到这些通道中。

7．Film Grain(胶片颗粒效果)

胶片颗粒效果用于为最终渲染的场景图像或动画加入真实电影胶片的颗粒效果，如图 3-8 所示，还可以使渲染的场景对象与背景图像或背景动画匹配在一起，胶片颗粒效果是自动随机创建的。

图 3-8　胶片颗粒效果

8．Motion Blur (运动模糊效果)

运动模糊效果用于为渲染输出的图像指定图像运动虚化处理，如图 3-9 所示，可以模拟真实摄影机运动拍摄的效果。

图 3-9　运动模糊效果

9．Depth of Field (景深效果)

景深效果用于模拟在真实摄影机镜头中，只能清晰对焦有限场景空间范围的效果，在对焦范围之外的前景和背景对象被进行虚化处理，如图 3-10 所示。

图 3-10　景深效果

注意：　当为渲染输出的图像指定多种渲染效果时，景深效果应当被最后指定，在
Rendering Effects 对话框的渲染效果堆栈中可以查看渲染效果的指定顺序。

3.2　大 气 效 果

在 Environment and Effects 编辑器中的大气效果卷展栏如图 3-11 所示。

单击 Add(加入)按钮显示 Add Atmospheric Effect(加入大气效果)对话框，如图 3-12 所示，在该对话框的列表中选择一个大气效果后，单击 OK 按钮，将选定效果加入大气效果列表中。

图 3-11　大气效果卷展栏

图 3-12　加入大气效果对话框

可以创建的大气效果包括：Fire Effect(火焰效果)、Fog(雾)、Volume Fog(体积雾)、Volume Light(体积光)。

1．Fire Effect(火焰效果)

使用火焰效果可以创建动态的火焰、烟、爆炸效果，模拟真实世界中的火炬、火球、烟云、星云的效果。可以在场景中创建任意多个火焰效果，在列表中火焰效果的排序十分重要，列表底部的火焰效果会遮挡列表顶部的火焰效果，如图 3-13 所示。

图 3-13　火焰效果

只能在摄影机视图或透视图中渲染火焰效果，在正视图或用户视图中不能渲染火焰效果。另外，火焰效果不支持完全透明的对象。

在使用火焰效果之前，首先要在帮助对象创建命令面板中，创建一个帮助线框限定火焰效果的作用范围，可以创建三种类型的帮助线框：BoxGizmo(长方体线框)、SphereGizmo(球体线框)、CylGizmo(圆柱体线框)。可以移动、旋转、放缩变换帮助线框，但不能为其指定修改编辑器。

注意：　火焰效果不会照亮场景，如果要模拟火焰照亮场景的效果，可以在火焰效果的中心部位创建一个灯光对象。

2．Fog(雾)

雾大气效果用于模拟雾、烟、蒸汽的效果，分为 Standard Fog(标准雾)和 Layered Fog(层雾)两种类型。标准雾可以依据对象与摄影机之间的相对距离，逐渐遮盖淡化对象，如图 3-14 所示；层雾依据场景中物体的相对位置，逐渐遮盖淡化对象。

3．Volume Fog(体积雾)

体积雾大气效果可以创建在三维空间中密度不均匀的雾团效果，常用于模拟呼出的热气、云团及被风吹得支离破碎的云雾效果，如图 3-15 所示。

图 3-14　雾大气效果

图 3-15　体积雾大气效果

4．Volume Light(体积光)

体积光大气效果用于模拟在真实世界中光穿透大气与空气中悬浮颗粒的效果，如图 3-16 所示。

图 3-16　体积光大气效果

3.3　小型案例实训：中世纪帆船在海浪与风暴中航行

本案例将通过创建中世纪帆船在海浪与风暴中航行的三维动画场景，详细讲述如何使用 Environment and Effects(环境和效果)编辑器创建 Fog(雾)的大气效果，以及配合大气装置限定大气效果的作用范围；还将详细讲述 Fog、Color Balance、Brightness and Contrast 效果的使用方法，如图 3-17 所示。

图 3-17　中世纪帆船在海浪与风暴中航行的渲染效果

操作步骤如下。

(1) 打开 3ds Max 2016 软件，将中世纪帆船模型导入场景中，在创建命令面板中单击创建对象按钮 ⬚，进入 Standard Primitives(基本几何体)创建选项卡，在设置命令面板的创建选项卡中单击 Plane(平面)按钮，在顶视图中拖曳创建出一个 Plane(平面)海面模型作为海面，如图 3-18 所示。

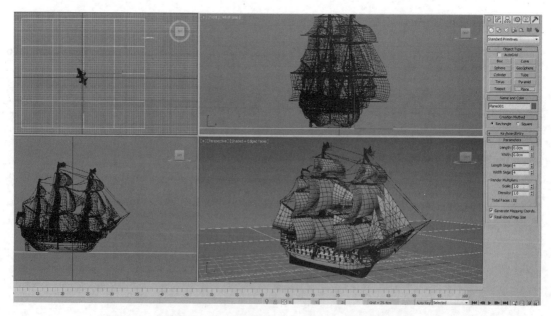

图 3-18　在顶视图中拖曳创建出一个 Plane(平面)海面模型作为海面

(2) 在顶视图中选择 Plane(平面)海面模型，单击按钮 ⬚进入设置命令面板的 Modify(修改)设置选项卡，将 Parameters(参数)卷展栏下的 Length Segs(长度段数) 和 Width Segs(宽度段数)的参数值都设置为 160。在 Render Multiplers(渲染倍增)的项目栏下，将

Density(密度)的参数值设置为 1.0，这个参数值决定最终海水渲染的逼真程度，同时取消选中 Real-World Map Size(实时世界坐标尺寸)复选框，如图 3-19 所示。

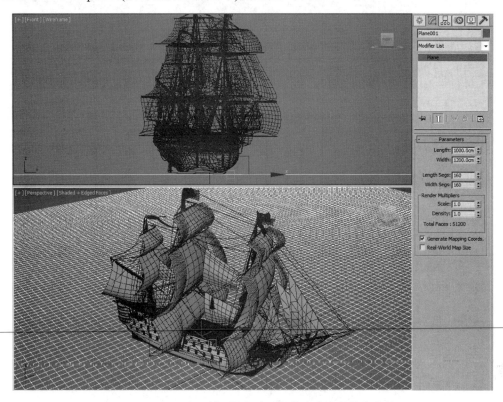

图 3-19　设置海面模型的长度段数与宽度段数的参数值

(3)　在场景中单击选择海面模型，单击按钮 进入设置命令面板的 Modify(修改)设置选项卡，在 Modify(修改)设置选项卡中单击 Modifier List(修改器列表)右侧向下的小箭头，在滑出的列表中选择 Noise(噪波)修改器，并在 Parameters(参数)卷展栏下将 Seed(种子)的参数值设置为 0，将 Scale(比例)的参数值设置为 230.0，选中 Fractal(分形)复选框，将 Iterations(迭代次数)的参数值设置为 5.0。在 Strength(强度)项目栏下，将 Z 轴的参数值设置为 50.0。在 Animation(动画)项目栏下，选中 Animate Noise(动画噪波)复选框，将 Frequency(频率)的参数值设置为 0.05，将 Phase(相位)的参数值设置为 55，如图 3-20 所示。

(4)　下面进一步为海面模型添加细节，为海面模型增加 Displace(置换)修改器。在场景中单击选择海面模型，单击按钮 进入设置命令面板的 Modify(修改)设置选项卡，在 Modify(修改)设置选项卡中单击 Modifier List(修改器列表)右侧向下的小箭头，在滑出的列表中选择 Displace(置换)修改器，并在 Parameters(参数)卷展栏下将 Strength(强度)的参数值设置为 50.0。单击 Image(图像)项目栏下 Map(贴图)通道中的 None 按钮，在弹出的 Material/Map Browser(材质/贴图浏览器)里选择 Gradient Ramp(渐变)材质，单击 OK 按钮，如图 3-21 所示。

图 3-20　为海面模型添加 Noise(噪波)修改器并设置其参数

图 3-21　为海面模型增加 Displace(置换)修改器

(5) 单击工具栏上的 Material Editor(材质编辑器)按钮 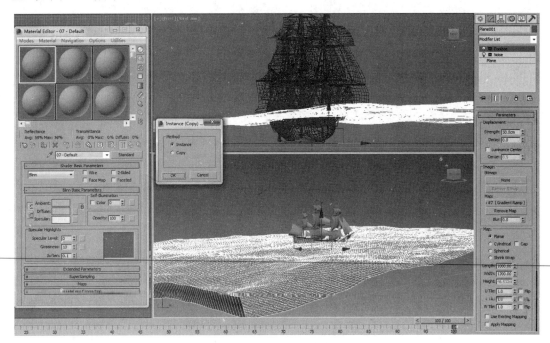，打开 Material Editor(材质编辑器)对话框，在 Displace(置换)修改器中单击将 Map(贴图)中刚刚选择的 Gradient Ramp(渐变)材质拖曳到 Material Editor(材质编辑器)中的第一个材质球上，在弹出的 Instance(Copy)Map(实例/复制贴图)对话框中选择 Instance(实例)的复制方式，单击 OK 按钮，如图 3-22 所示。

图 3-22　选择 Instance(实例)的复制方式

(6) 进入 Map(贴图)通道中的 Gradient Ramp(渐变)Coordinator(坐标)参数设置卷展栏，选中 Use Real-World Scale(使用真实世界比例)复选框，在 Gradient Ramp Parameters(渐变参数)设置卷展栏下，将色标的颜色设置为如图 3-23 所示，渐变材质设置完毕后，会发现 Displace(置换)修改器中 Strength(强度)的参数值对海面模型细节的影响力有点小，因此将它的参数值修改设置为 80.0，为海面模型营造出海浪的效果。

(7) 再次为海面模型增加 Displace(置换)修改器加强海浪的效果，单击按钮 进入设置命令面板的 Modify(修改)设置选项卡，在 Modify(修改)设置选项卡中单击 Modifier List(修改器列表)右侧向下的小箭头，在滑出的列表中选择 Displace(置换)修改器，并在 Parameters(参数)卷展栏下将 Strength(强度)的参数值设置为-25.0。单击 Image(图像)项目栏下 Map(贴图)通道中的 None 按钮，在弹出的 Material/Map Browser(材质/贴图浏览器)里选择 Cellular(细胞)材质，单击 OK 按钮，如图 3-24 所示。

(8) 单击工具栏上的 Material Editor(材质编辑器)按钮 ，打开 Material Editor(材质编辑器)对话框，在 Displace(置换)修改器中单击将 Map(贴图)中刚刚选择的 Cellular(细胞)材质拖曳到 Material Editor(材质编辑器)中的第二个材质球上，在弹出的 Instance(Copy)Map(实例/复制贴图)对话框中选择 Instance(实例)的复制方式，单击 OK 按钮，如图 3-25 所示。

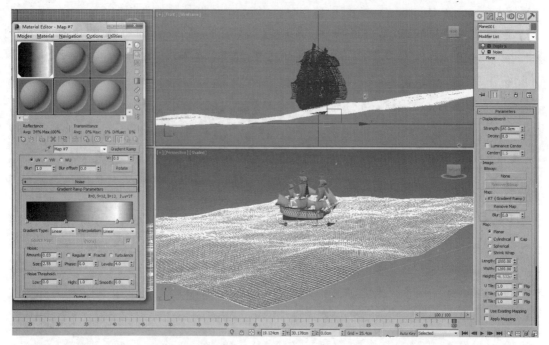

图 3-23　设置 Displace(置换)修改器卷展栏下 Map(贴图)通道中的 Gradient Ramp Parameters(渐变参数)

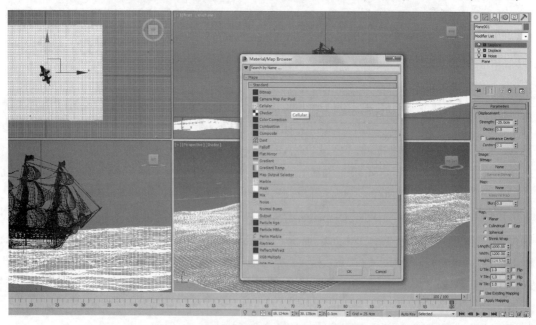

图 3-24　再次为海面模型增加 Displace(置换)修改器加强海浪的效果

　　(9)　进入 Cellular(细胞)材质的 Coordinates(坐标)参数设置卷展栏，通过设置 Cellular(细胞)材质的参数值制作海浪逼真的动画效果。单击 3ds Max 2016 软件下方的 Auto Key(自动关键帧)按钮，打开动画自动关键帧的记录，将时间滑块滑到 100 帧的位置，将 X 轴的

Offset(偏移)参数值设置为 100.0，将 Z 轴的 Offset(偏移)参数值设置为 20.0，再次单击软件
下方的 Auto Key(自动关键帧)按钮关闭关键帧的记录，如图 3-26 所示。

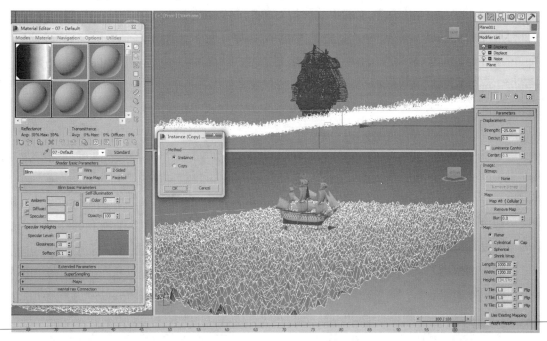

图 3-25　将 Cellular(细胞)材质拖曳到 Material Editor(材质编辑器)中的第二个材质球上

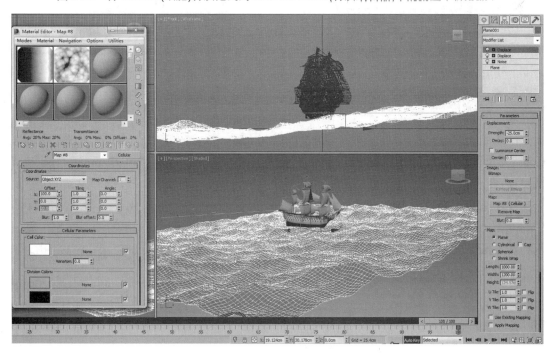

图 3-26　通过设置 Cellular (细胞)材质的参数值制作海浪逼真的动画效果

(10) 进入 Cellular Parameters(细胞参数)设置卷展栏，在 Cell Characteristics(细胞特性)

项目栏下，选中 Fractal(分形)复选框，将 Size(尺寸)的参数值设置为 50.0，将 Iterations(迭代次数)的参数值设置为 2.0，将 Spread(扩散)的参数值设置为 0.6，如图 3-27 所示。

(11) 接下来设置场景中海水的逼真材质。单击 Material Editor(材质编辑器)中的第三个材质球赋予海面模型，在 Blinn Basic Parameters(Blinn 基本参数)设置卷展栏下，选中 Self-Illumination(自发光)复选框，在 Specular Highlights(发射高光)项目栏下，将 Specular Level(高光级别)的参数值设置为 105，将 Glossiness(光泽度)的参数值设置为 50，如图 3-28 所示。

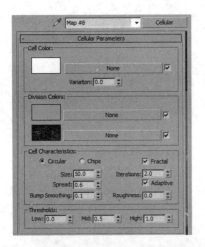

图 3-27　设置 Cellular Parameters(细胞参数)
卷展栏下的相关参数值

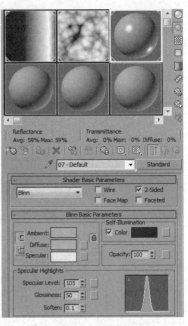

图 3-28　设置 Blinn Basic Parameters(Blinn
基本参数)卷展栏下的相关参数值

(12) 单击 Map(贴图)卷展栏左侧的"+"，进入 Maps(贴图)卷展栏，单击 Diffuse Color(漫反射颜色)右侧贴图通道的 None 按钮，在弹出的 Material/Map Browser(材质/贴图浏览器)对话框里选择 Gradient Ramp(渐变)材质类型，单击 OK 按钮，如图 3-29 所示。

(13) 进入 Diffuse Color(漫反射颜色)贴图通道中 Gradient Ramp(渐变)材质的 Coordinates(坐标)参数设置卷展栏，取消选中 Use Real-World Scale(使用真实世界比例)复选框，在 Gradient Ramp Parameters(渐变参数)设置卷展栏下，将色标的颜色设置为如图 3-30 所示，将 Interpolation(差值)的方式设置为 Ease In Out(缓入缓出)。

(14) 在 Noise(噪波)项目栏下，选中 Fractal(分形)复选框，将 Amount(数量)的参数值设置为 0.06，将 Size(尺寸)的参数值设置为 0.65，将 Levels(级别)的参数值设置为 10.0，如图 3-31 所示。

(15) 单击返回上一层级按钮 一次，回到 Maps(贴图)卷展栏下，单击 Specular Level(高光级别)贴图通道右侧的 None 按钮，在弹出的 Material/Map Browser(材质/贴图浏览器)对话框里选择 Gradient Ramp(渐变)材质类型，单击 OK 按钮，同时将 Specular

Level(高光级别)的 Amount(数量)参数值设置为 200，如图 3-32 所示。

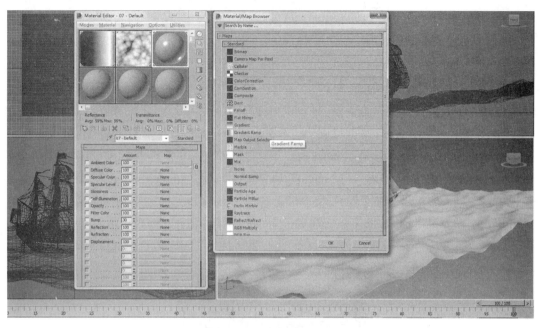

图 3-29　为 Diffuse Color(漫反射颜色)贴图通道添加 Gradient Ramp(渐变)材质

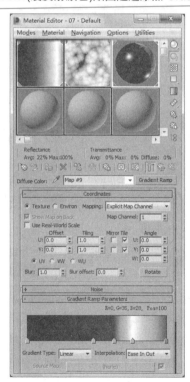

图 3-30　设置 Gradient Ramp(渐变)材质中 Coordinates(坐标)设置卷展栏下的参数值

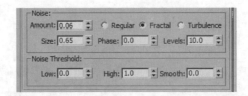

图 3-31　设置 Noise(噪波)项目栏下相关的参数值

(16) 进入 Specular Level(高光级别)贴图通道中 Gradient Ramp(渐变)的 Coordinates(坐标)参数设置卷展栏，取消选中 Use Real-World Scale(使用真实世界比例)复选框，在 Gradient Ramp Parameters(渐变参数)设置卷展栏下，将色标的颜色设置为如图 3-33 所示。在 Noise(噪波)项目栏下，选中 Fractal(分形)复选框，将 Amount(数量)的参数值设置为 0.05，将 Size(尺寸)的参数值设置为 0.63，将 Levels(级别)的参数值设置为 4.0。单击 Output(输出)卷展栏左侧的 "+"，打开 Output(输出)参数设置卷展栏，选中 Invert(反转)复选框。

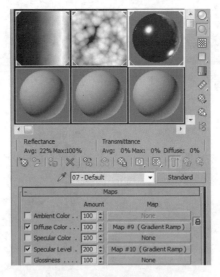

图 3-32　为 Specular Level(高光级别)贴图通道添加 Gradient Ramp(渐变)材质

(17) 单击返回上一层级按钮一次，回到 Maps(贴图)卷展栏下，单击 Self-Illumination(自发光)贴图通道右侧的 None 按钮，在弹出的 Material/Map Browser(材质/贴图浏览器)对话框里选择 Mix(混合)材质类型，单击 OK 按钮，如图 3-34 所示。

(18) 进入 Self-Illumination(自发光)贴图通道中 Mix Parameters(混合参数)的设置卷展栏，单击 Color #1(颜色 #1)贴图通道右侧的 None 按钮，在弹出的 Material/Map Browser(材质/贴图浏览器)对话框里选择 Falloff(衰减)材质类型，单击 OK 按钮，如图 3-35 所示。

(19) 进入 Mix Parameters(混合参数)贴图通道中的 Falloff Parameters(衰减参数)设置卷展栏，将 Front:Side(明暗处理)下的第一个色块中的颜色设置为黑色，单击右侧的贴图通道 None 按钮，在弹出的 Material/Map Browser(材质/贴图浏览器)对话框里选择 Falloff(衰减)材质类型，单击 OK 按钮，如图 3-36 所示。

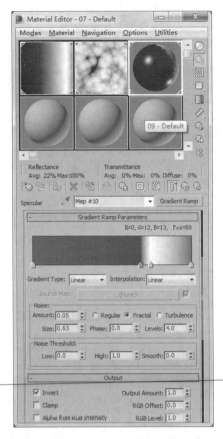

图 3-33　设置 Specular Level(高光级别)贴图通道中 Gradient Ramp(渐变)材质的参数值

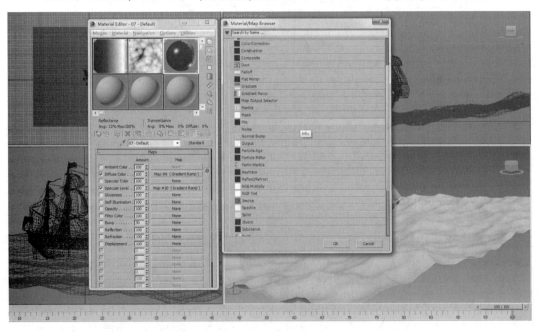

图 3-34　为 Self-Illumination(自发光)贴图通道添加 Mix(混合)材质

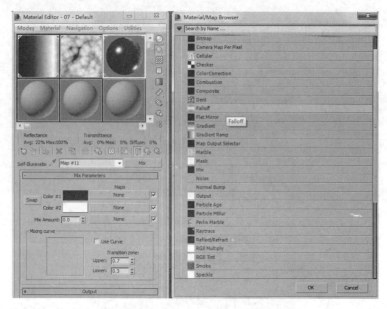

图 3-35　为 Mix Parameters(混合参数)中的 Color #1 贴图通道添加 Falloff(衰减)材质

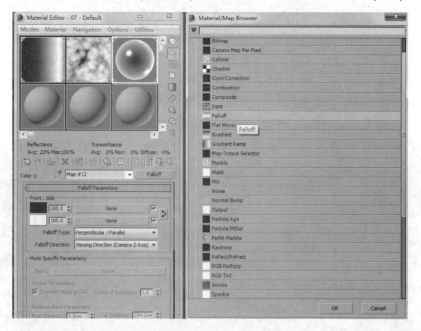

图 3-36　在 Falloff Parameters(衰减参数)设置卷展栏中添加 Falloff(衰减)材质

(20) 进入 Falloff(衰减)材质中 Falloff Parameters(衰减参数)的设置卷展栏，将第一个颜色块中的颜色设置为深蓝色，将第二个颜色块中的颜色设置为黑色，如图 3-37 所示。

(21) 单击 Mix Curve(混合曲线)卷展栏左侧的"+"，进入 Mix Curve(混合曲线)卷展栏，单击 Mix Curve(混合曲线)调节工具栏中的 Add Point(添加节点)按钮，在曲线调节区域中的直线上加入 1 个节点，单击 Mix Curve(混合曲线)调节工具栏中 Move(移动)按钮，将 1 个节点的位置和属性调节成如图 3-38 所示。

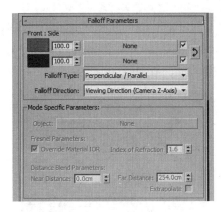

图 3-37　设置 Falloff Parameters(衰减参数)卷展栏下色块中的颜色

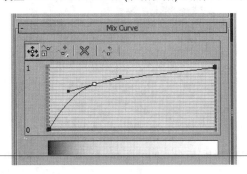

图 3-38　调节 Mix Curve(混合曲线)卷展栏中 Mix Curve(混合曲线)的形状

(22) 单击返回上一层级按钮  一次，回到 Color # 1(颜色 #1)通道中 Falloff Parameters(衰减参数)的卷展栏下，将第二个色块中的颜色也设置为黑色，单击右侧的贴图通道 None 按钮，在弹出的 Material/Map Browser(材质/贴图浏览器)对话框里选择 Gradient Ramp(渐变)材质类型，单击 OK 按钮，如图 3-39 所示。

图 3-39　在 Falloff Parameters(衰减参数)卷展栏中添加 Gradient Ramp(渐变)材质

(23) 进入 Map(贴图)通道中的 Gradient Ramp(渐变)材质的 Coordinates(坐标)参数设置卷展栏，取消选中 Use Real-World Scale(使用真实世界比例)复选框，在 Gradient Ramp Parameters(渐变参数)设置卷展栏下，将色标的颜色设置为如图 3-40 所示，将

Interpolation(差值)的方式设置为 Ease In Out(缓入缓出)。在 Noise(噪波)项目栏下，选中 Fractal(分形)复选框，将 Amount(数量)的参数值设置为 0.06，将 Size(尺寸)的参数值设置为 0.65，将 Levels(级别)的参数值设置为 10.0。

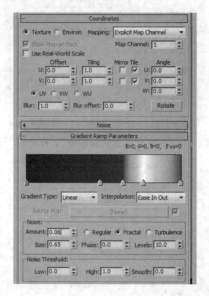

图 3-40　设置 Coordinates(坐标)与 Gradient Ramp Parameters(渐变参数)卷展栏下相关参数值

(24) 单击返回上一层级按钮一次，将 Falloff Type(衰减类型)设置为 Shadow/Light(阴影/灯光)类型，如图 3-41 所示。

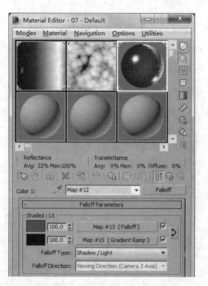

图 3-41　将 Falloff Type(衰减类型)设置为 Shadow/Light(阴影/灯光)类型

(25) 单击返回上一层级按钮一次，进入 Mix Parameters(混合参数)的设置卷展栏，单击 Mix Amount(混合数量)贴图通道右侧的 None 按钮，在弹出的 Material/Map Browser(材质/贴图浏览器)对话框里选择 Gradient Ramp(渐变)材质类型，单击 OK 按钮，如

图 3-42 所示。

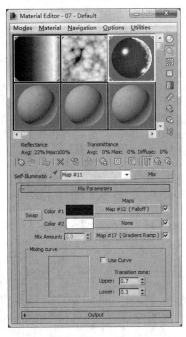

图 3-42　为 Mix Amount(混合数量)贴图通道添加 Gradient Ramp(渐变)材质

(26) 进入 Map(贴图)通道中的 Gradient Ramp(渐变)材质的 Coordinates(坐标)参数设置卷展栏，取消选中 Use Real-World Scale(使用真实世界比例)复选框，在 Gradient Ramp Parameters(渐变参数)设置卷展栏下，将色标的颜色设置为如图 3-43 所示，将 Interpolation(差值)的方式设置为 Ease In Out(缓入缓出)。在 Noise(噪波)项目栏下，选中 Fractal(分形)复选框，将 Amount(数量)的参数值设置为 0.05，将 Size(尺寸)的参数值设置为 0.6，将 Levels(级别)的参数值设置为 8.0。

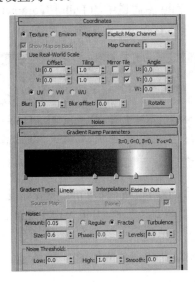

图 3-43　设置 Coordinates(坐标)与 Gradient Ramp Parameters(渐变参数)卷展栏下相关参数

(27) 单击返回上一层级按钮两次，回到 Maps(贴图)卷展栏下，单击 Opacity(不透明度)右侧的贴图通道 None 按钮，在弹出的 Material/Map Browser(材质/贴图浏览器)对话框里选择 Falloff(衰减)材质类型，单击 OK 按钮，如图 3-44 所示。

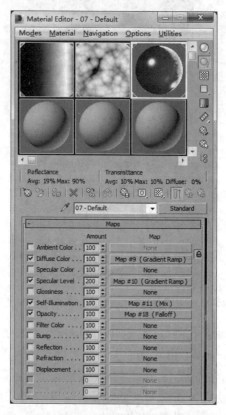

图 3-44 为 Opacity(不透明度)贴图通道添加 Falloff(衰减)材质

(28) 进入 Opacity(不透明度)贴图通道中的 Falloff Parameters(衰减参数)设置卷展栏，将 Falloff Type(衰减类型)设置为 Shadow/Light(阴影/灯光)类型，如图 3-45 所示。

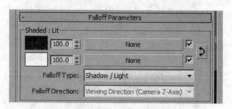

图 3-45 将 Falloff Type(衰减类型)设置为 Shadow/Light(阴影/灯光)类型

(29) 单击 Mix Curve(混合曲线)卷展栏左侧的 "+"，进入 Mix Curve(混合曲线)卷展栏，单击 Mix Curve(混合曲线)调节工具栏中的 Add Point(添加节点)按钮，在曲线调节区域中的直线上加入 1 个节点，单击 Mix Curve(混合曲线)调节工具栏中 Move(移动)按钮，将这个节点的位置和贝塞尔曲线调节成如图 3-46 所示。

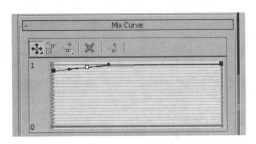

图 3-46　调节 Mix Curve(混合曲线)卷展栏中 Mix Curve(混合曲线)的曲率

(30) 单击返回上一层级按钮 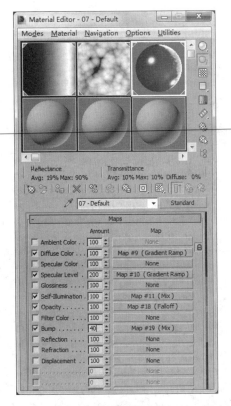 一次，回到 Maps(贴图)卷展栏下，单击 Bump(凹凸)右侧的贴图通道 None 按钮，在弹出的 Material/Map Browser(材质/贴图浏览器)对话框里选择 Mix(混合)材质类型，单击 OK 按钮，同时将 Bump(凹凸)中 Amount(数量)的参数值设置为 40，如图 3-47 所示。

图 3-47　为 Bump(凹凸)贴图通道添加 Mix(混合)材质

(31) 进入 Mix Parameters(混合参数)设置卷展栏，单击 Color #1(颜色 #1)右侧的贴图通道 None 按钮，在弹出的 Material/Map Browser(材质/贴图浏览器)对话框里选择 Noise(噪波)材质类型，单击 OK 按钮，如图 3-48 所示。

(32) 在 Color #1(颜色 #1)贴图通道中的 Noise Parameters(噪波参数)设置卷展栏下，选中 Fractal(分形)复选框，将 Size(尺寸)的参数值设置为 15.0，如图 3-49 所示。

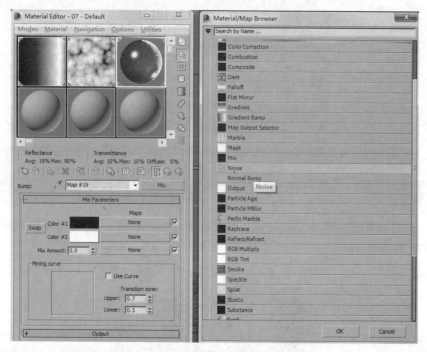

图 3-48　为 Mix Parameters(混合参数)中的 Color #1 贴图通道添加 Noise(噪波)材质

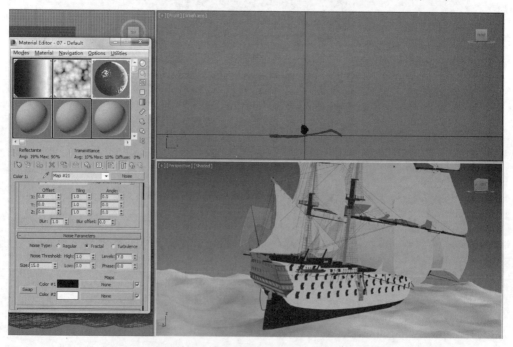

图 3-49　设置 Color #1 贴图通道中 Noise(噪波)材质的参数

(33) 单击返回上一层级按钮 一次，回到 Mix Parameters(混合参数)设置卷展栏下，单击 Color #2(颜色 #2)右侧的贴图通道 None 按钮，在弹出的 Material/Map Browser(材质/贴图浏览器)对话框里选择 Noise(噪波)材质类型，单击 OK 按钮，如图 3-50 所示。

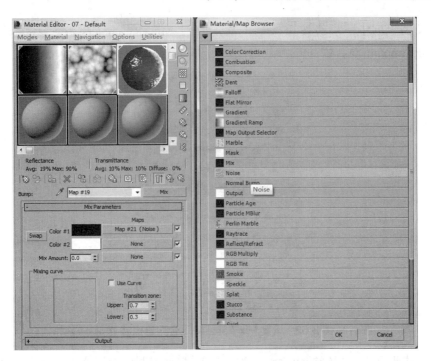

图 3-50　为 Mix Parameters(混合参数)中的 Color #2 贴图通道添加 Noise(噪波)材质

(34) 在 Color #2(颜色 #2)贴图通道中的 Noise Parameters(噪波参数)设置卷展栏下，选中 Fractal(分形)复选框，将 Size(尺寸)的参数值设置为 30.0，如图 3-51 所示。

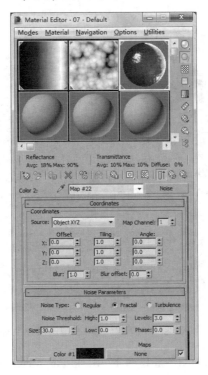

图 3-51　设置 Color #2 贴图通道中 Noise(噪波)材质的参数

(35) 单击返回上一层级按钮 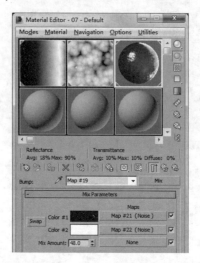 一次，回到 Mix Parameters(混合参数)设置卷展栏下，将 Mix Amount(混合数量)的参数值设置为 48.0，如图 3-52 所示。

图 3-52　设置 Mix Amount(混合数量)的参数值

(36) 单击返回上一层级按钮 一次，回到 Maps(贴图)卷展栏下，单击 Reflection(反射)右侧的贴图通道 None 按钮，在弹出的 Material/Map Browser(材质/贴图浏览器)对话框里选择 Mask(遮罩)材质类型，单击 OK 按钮，如图 3-53 所示。

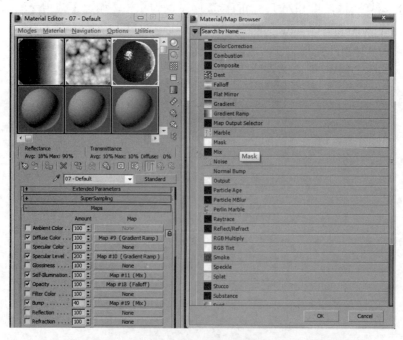

图 3-53　为 Reflection(反射)贴图通道添加 Mask(遮罩)材质

(37) 进入 Reflection(反射)贴图通道中的 Mask Parameters(遮罩参数)设置卷展栏中，单击 Map(贴图)右侧的贴图通道 None 按钮，在弹出的 Material/Map Browser(材质/贴图浏览器)对话框里选择 Falloff(衰减)材质类型，单击 OK 按钮，如图 3-54 所示。

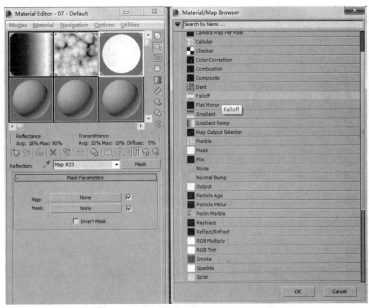

图 3-54　为 Map(贴图)贴图通道添加 Falloff(衰减)材质

(38) 进入 Map(贴图)通道中的 Falloff Parameters(衰减参数)设置卷展栏，单击第二个色块右侧的贴图通道 None 按钮，在弹出的 Material/Map Browser(材质/贴图浏览器)对话框里选择 Raytrace(光线追踪)材质类型，单击 OK 按钮，保持默认参数，如图 3-55 所示。

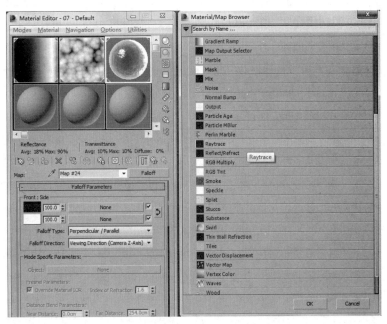

图 3-55　在 Falloff Parameters(衰减参数)卷展栏中添加 Raytrace(光线追踪)材质

(39) 单击 Mix Curve(混合曲线)卷展栏左侧的 "+"，进入 Mix Curve(混合曲线)卷展栏，单击 Mix Curve(混合曲线)调节工具栏中的 Add Point(添加节点)按钮，在曲线调节区域中的直线上加入 1 个节点，单击 Mix Curve(混合曲线)调节工具栏中 Move(移动)按钮，将这个节点的位置和属性调节成如图 3-56 所示。

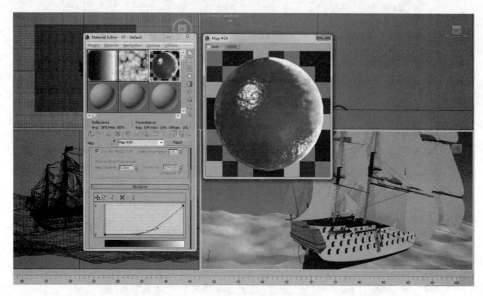

图 3-56　调节 Mix Curve(混合曲线)卷展栏中 Mix Curve(混合曲线)的曲率

(40) 单击返回上一层级按钮一次，在 Mask Parameters(遮罩参数)设置卷展栏下，单击 Mask(遮罩)右侧的贴图通道 None 按钮，在弹出的 Material/Map Browser(材质/贴图浏览器)对话框里选择 Gradient Ramp(渐变)材质类型，单击 OK 按钮，选中 Invert Mask(反转遮罩)复选框，如图 3-57 所示。

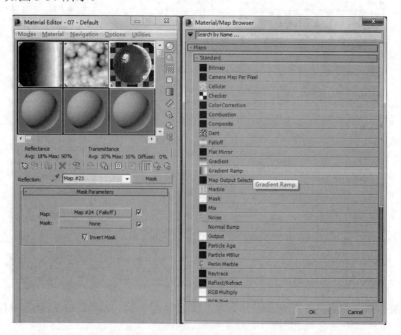

图 3-57　为 Mask(遮罩)贴图通道添加 Gradient Ramp(渐变)材质

(41) 进入 Mask(遮罩)贴图通道中 Gradient Ramp(渐变)材质的 Coordinates(坐标)参数设置卷展栏，将 Coordinates(坐标)的方式设置为 Texture(纹理)类型，取消选中 Use Real-World Scale(使用真实世界比例)复选框，在 Gradient Ramp Parameters(渐变参数)设置卷展栏下，将色标的颜色设置为如图 3-58 所示。在 Noise(噪波)项目栏下，选中 Fractal(分形)复选框，将 Amount(数量)的参数值设置为 0.06，将 Size(尺寸)的参数值设置为 0.65，将 Levels(级别)的参数值设置为 10.0。

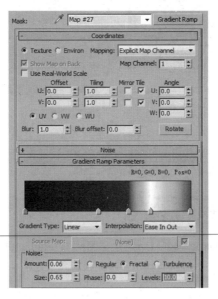

图 3-58　设置 Gradient Ramp(渐变)材质中 Coordinates(坐标)的参数

(42) 单击菜单栏中的 Rendering(渲染)按钮，在下拉列表中选择 Environment(环境)选项，如图 3-59 所示。

图 3-59　在 Rendering(渲染)菜单的下拉列表中选择 Environment(环境)选项

(43) 进入 Environment and Effects(环境和效果)的 Common Parameters(公用参数)设置卷展栏，单击 Environment Map(环境贴图)下方的贴图通道 None 按钮，在弹出的 Material/Map Browser(材质/贴图浏览器)对话框里选择 Gradient Ramp(渐变)材质类型，如

3ds Max 2016 动画设计案例教程

图 3-60 所示。

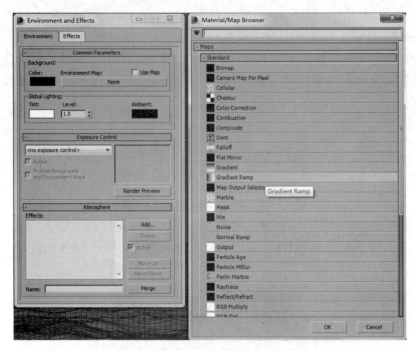

图 3-60　为 Environment Map(环境贴图)添加 Gradient Ramp(渐变)材质

(44) 单击工具栏上的 Material Editor(材质编辑器)按钮 ，打开 Material Editor(材质编辑器)对话框，将刚才添加到 Environment and Effects(环境和效果)中的 Gradient Ramp(渐变)材质拖曳到第四个材质球上，在弹出的 Instance(Copy)Map(实例/复制贴图)设置对话框，选择 Instance(实例)复制类型，单击 OK 按钮，如图 3-61 所示。

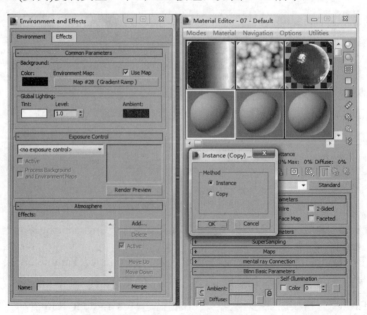

图 3-61　将环境和效果对话框中的 Gradient Ramp(渐变)材质拖曳到第四个材质球上

(45) 进入 Gradient Ramp(渐变)材质的 Coordinates(坐标)参数设置卷展栏，将 Coordinates(坐标)的方式设置为 Environment(环境)类型，取消选中 Use Real-World Scale(使用真实世界比例)复选框，在 Gradient Ramp Parameters(渐变参数)设置卷展栏下，将色标的颜色设置为如图 3-62 所示。在 Noise(噪波)项目栏下，选中 Fractal(分形)复选框，将 Amount(数量)的参数值设置为 0.6，将 Size(尺寸)的参数值设置为 0.65，将 Levels(级别)的参数值设置为 5.0。

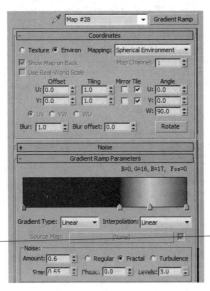

图 3-62　设置 Gradient Ramp(渐变)材质的 Coordinates(坐标)方式及相关参数

(46) 设置创建的灯光，单击创建灯光按钮 进入设置命令面板的灯光创建选项卡，在 Standard(标准灯光)的 Object Type(灯光类型)卷展栏下选择 Omni(泛光灯)，在顶视图场景中创建一盏 Omni(泛光灯)，在左视图调整灯光的照射位置至海面的上方，选择 Omni(泛光灯)，单击 按钮进入设置命令面板的 Modify(修改)设置选项卡，在 Omni(泛光灯)的 Intensity/Color/Attenuation(强度/颜色/衰减)卷展栏下将 Multipler(倍增)强度的参数设置为 3.5，将 Decay(衰退)的 Type(类型)设置为 Inverse(倒数)，将 Start(开始)的参数值设置为 120.0，如图 3-63 所示。

(47) 为海面场景创建一部摄影机，在透视图上单击以激活视图，接着按 Ctrl + C 快捷键，这样就将透视图转变成了摄影机视图，同时还在场景中创建了一个摄影机，为了营造海面上的战争氛围，再复制两艘中世纪战舰模型，如图 3-64 所示。

(48) 为了使场景更加真实，要创建天空背景板，在设置命令面板的创建选项卡中单击选择 Plane(平面)按钮，在透视图中拖曳创建出一个 Plane(平面)模型，进入设置命令面板的 Modify(修改)设置选项卡，将 Plane(平面)模型 Parameters(参数)卷展栏下的 Length(长度)的参数值设置为 1216.0，将 Width(宽度)的参数值设置为 2349.0，取消选中 Real-World Map Size(真实世界贴图尺寸)复选框，如图 3-65 所示。

图 3-63　在顶视图场景中创建一盏 Omni(泛光灯)并设置其参数值

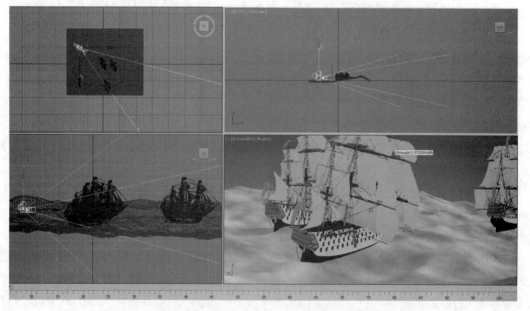

图 3-64　为海面场景创建一个摄影机并复制两艘中世纪战舰模型

　　(49) 在 Material Editor(材质编辑器)中选择第五个材质球赋予天空背景板 Plane(平面)模型，进入 Blinn Basic Parameters(Blinn 类型基本参数)设置卷展栏下，将 Self-Illumination(自发光)的参数值设置为 87。单击 Maps(贴图)卷展栏左侧的"+"，打开 Maps(贴图)卷展栏列表，单击 Diffuse Color(漫反射)贴图通道右侧的 None 按钮，在弹出的 Material/Map Browser(材质/贴图浏览器)对话框里选择 Bitmap(位图贴图)，在打开的 Select Bitmap Image File(选择图片文件)对话框中选择一张风暴图片，单击 Open(打开)按钮，如图 3-66 所示。

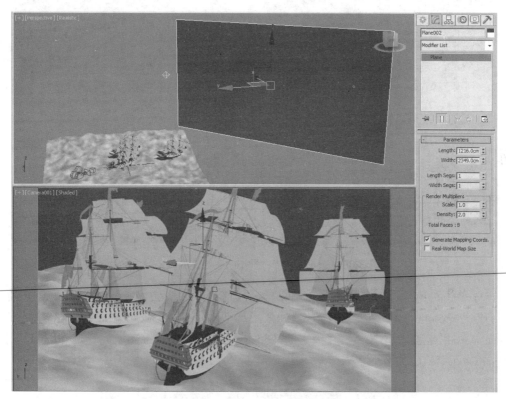

图 3-65　为了使场景更加真实创建天空背景板 Plane(平面)模型

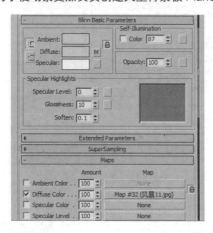

图 3-66　设置 Blinn 类型基本参数并为 Diffuse Color(漫反射)贴图通道添加风暴图片

(50) 在工具栏中单击渲染按钮，查看海面上中世纪帆船舰队的渲染效果，如图 3-67所示。

图 3-67　查看海面上中世纪帆船舰队的渲染效果

(51) 单击菜单栏中的 Rendering(渲染)按钮，在下拉列表中选择 Environment(环境)选项，打开 Environment and Effects(环境和效果)对话框，进入 Atmosphere(大气)参数设置卷展栏下，单击 Add(添加)按钮，在弹出的 Add Atmospheric Effect(添加大气效果)选项卡中选项 Fog(雾)选项，如图 3-68 所示。

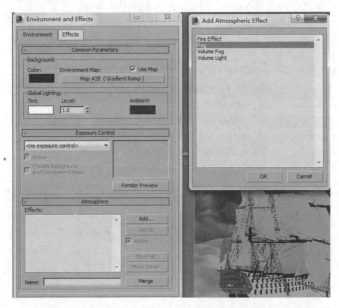

图 3-68　在 Atmosphere(大气)卷展栏下添加 Fog(雾)选项

(52) 单击 Fog(雾)选项，进入 Fog Parameters(雾参数)设置卷展栏下，单击 Environment

Color Map(环境颜色贴图)下方的贴图通道 None 按钮，在弹出的 Material/Map Browser(材质/贴图浏览器)对话框里选择 Gradient Ramp(渐变)材质类型，如图 3-69 所示。

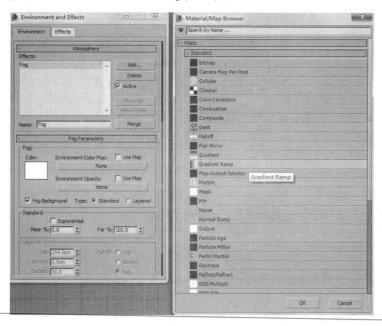

图 3-69　为 Fog Parameters(雾参数)添加 Gradient Ramp(渐变)材质

(53) 在工具栏中单击 Material Editor(材质编辑浏览器)按钮，打开 Material Editor(材质编辑浏览器)的参数设置对话框，将刚才添加到 Fog Parameters(雾参数)中的 Gradient Ramp(渐变)材质拖曳到第六个材质球上，在弹出的 Instance(Copy)Map(实例/复制贴图)设置对话框，选择 Instance(实例)复制类型，单击 OK 按钮，如图 3-70 所示。

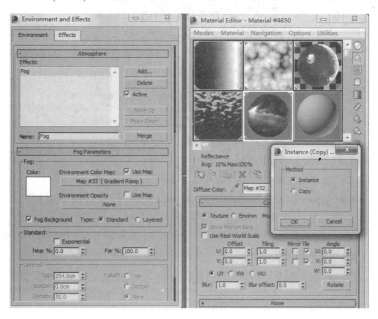

图 3-70　将 Gradient Ramp(渐变)材质拖曳到第六个材质球上

(54) 在 Coordinates(坐标)参数设置卷展栏下将 Mapping(贴图)方式设置为 Screen(屏幕)方式，将 Angle(角度)中 W 轴的参数值设置为 270.0，在 Gradient Ramp Parameters(渐变贴图参数)设置卷展栏下，将色标的颜色设置为如图 3-71 所示。

图 3-71　设置 Gradient Ramp Parameters(渐变贴图参数)卷展栏下色标的颜色

(55) 单击 Output(输出)左边的 "＋"，打开 Output(输出)设置卷展栏，将 Output Amount(输出数量)的参数值设置为 1.5，如图 3-72 所示。

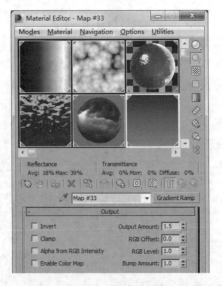

图 3-72　设置 Gradient Ramp(渐变)材质的 Output(输出)参数

(56) 切换到 Environment and Effects(环境和效果)对话框，在 Fog Parameters(雾参数)设置卷展栏下，单击 Environment Opacity(环境透明度)下方的贴图通道 None 按钮，在弹出的 Material/Map Browser(材质/贴图浏览器)对话框里选择 Gradient Ramp(渐变)材质，将添加到 Environment Opacity(环境透明度)中的 Gradient Ramp(渐变)材质拖曳到第七个材质球上，在弹出的 Instance(Copy)Map(实例/复制贴图)设置对话框，选择 Instance(实例)复制类型，单击 OK 按钮，如图 3-73 所示。

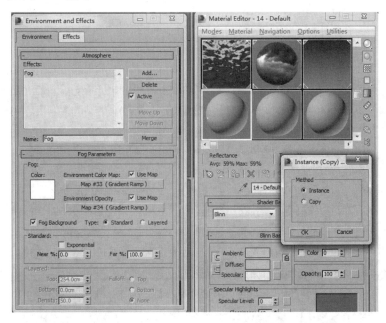

图 3-73　将 Gradient Ramp(渐变)材质拖曳至第七个材质球上

(57) 在 Coordinates(坐标)参数设置卷展栏下将 Mapping(贴图)方式设置为 Screen(屏幕)方式，将 Angle(角度)中 W 轴的参数值设置为 90.0，在 Gradient Ramp Parameters(渐变贴图参数)设置卷展栏下，将色标的颜色设置为如图 3-74 所示。

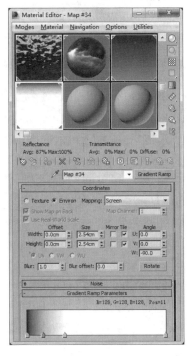

图 3-74　设置 Environment Opacity(环境透明度)中 Gradient Ramp(渐变)材质的颜色

(58) 单击选择场景中的摄影机，进入设置命令面板的 Modify(修改)设置选项卡，进入 Parameters(参数)卷展栏，选中 Environment Ranges(环境范围)项目栏下的 Show(显示)复选框，将 Near Range(近距范围)的参数值设置为 658.0，将 Far Range(远距范围)的参数值设置为 1316.0，如图 3-75 所示。

图 3-75　设置摄影机的 Near Range(近距范围)和 Far Range(远距范围)的参数值

(59) 返回 Environment and Effects(环境和效果)对话框中，单击 Effects(效果)选项卡，再单击 Effects(效果)卷展栏中的 Add(添加)按钮，在弹出的 Add Effect(添加效果)对话框中选择 Color Balance(颜色平衡)选项，单击 OK 按钮，如图 3-76 所示。

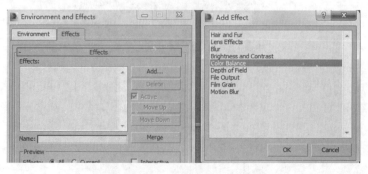

图 3-76　在 Effects(效果)卷展栏中添加 Color Balance(颜色平衡)选项

(60) 进入 Effects(效果)参数设置卷展栏下，选中 Interactive(交互)复选框，在调节参数的同时渲染效果也相应地产生实时的变化，在 Color Balance Parameters(颜色平衡参数)设置卷展栏下，将海面与战船的场景渲染效果设置为冷色调，将颜色调节为如图 3-77 所示。

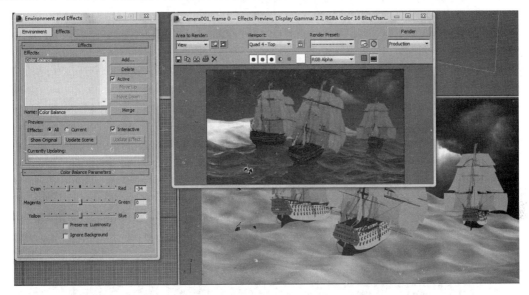

图 3-77　在 Color Balance Parameters(颜色平衡参数)设置卷展栏下调节渲染颜色

(61) 再次单击 Effects(效果)选项卡，单击 Effects(效果)卷展栏中的 Add(添加)按钮，在弹出的 Add Effect(添加效果)对话框中选择 Brightness and Contrast(明亮度与对比度)选项，单击 OK 按钮，如图 3-78 所示。

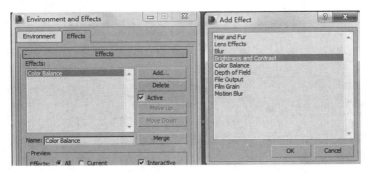

图 3-78　在 Effects(效果)卷展栏中选择 Brightness and Contrast(明亮度与对比度)选项

(62) 在 Brightness and Contrast Parameters(明亮度与对比度参数)设置卷展栏下，将 Brightness(明亮度)的参数值设置为 0.6，将 Contrast(对比度)的参数值设置为 0.8，如图 3-79 所示。

(63) 在工具栏中单击渲染按钮，查看最终海面上帆船舰队的渲染效果，如图 3-80 所示。

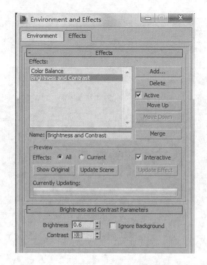

图 3-79　在 Brightness and Contrast Parameters(明亮度与对比度参数)卷展栏下设置参数

图 3-80　最终海面上帆船舰队的渲染效果

提示：　本案例为读者讲述了中世纪的帆船在海浪与风暴中航行效果的制作方法与技巧，为了制作模拟出波涛汹涌的海水材质效果，在进行材质效果的设置时应用了非常多的叠加参数，读者一定要理解相关参数的含义以及可以实现哪些效果。在为海水的水面模型添加置换修改器时，读者可以根据自己所做场景的尺寸大小来调节置换修改器的相应参数，不必拘泥于本小节中的固定参数设置。

本 章 小 结

　　本章为读者介绍了在 3ds Max 2016 软件中环境和效果编辑器的参数含义与功能结构，还详细地讲述了大气效果的功能和使用方法，分别对 Fire Effect(火焰效果)、Fog(雾)、Volume Fog(体积雾)、Volume Light(体积光)等大气效果的属性进行了详细的分析，概述了效果编辑选项卡的功能和结构，最后通过一个逼真的三维动画场景设计范例，讲解了塑造海浪与风暴这种极端天气氛围的表现方法与技巧。

习　　题

一、简答题

1. 环境编辑器可以实现哪几方面的功能?
2. 在 3ds Max 2016 软件中，可以创建哪些类型的大气效果?
3. 火焰效果是否会照亮场景?
4. 雾大气效果分为哪两种类型?

二、操作题

练习为场景中的灯光指定体积光效果。

第 4 章

超写实自然环境与粒子特效

本章要点

● 3ds Max 2016 软件中粒子系统的类型以及不同类型的粒子发射器可以实现的动画效果与参数设置的技巧。

● 3ds Max 2016 软件中空间扭曲系统的概念、不同自然力学的分类以及各种导向器的实际运用技巧。

学习目标

● 了解粒子系统中 Spray(喷射)、Snow(雪)、PArray(粒子阵列)、Super Spray (超级喷射)等基本粒子发射器的作用,掌握 PF Source(粒子流源)高级粒子的快捷创建方式、粒子视图中不同节点的链接技巧与参数的设置方法。

● 掌握空间扭曲系统中重力、拉力及弹力等自然力的创建与参数的设置方法,识记空间扭曲不同类型导向器的属性与使用技巧。

4.1　粒子系统

粒子系统是一种特殊的参数值化对象,可以用于创建喷溅的水花、雨景、雪景、焰火、龙卷风、动物或人物群体的动画合成效果,这一特效系统是 3ds Max 2016 软件强大特效合成功能的重要体现。

4.1.1　概述

在基本对象创建命令面板中,单击 Standard Primitives(标准几何体)右侧的下拉按钮,从下拉的基本对象类型列表中选择 Particle Systems(粒子系统),如图 4-1 所示,出现粒子系统创建命令面板,命令面板会根据当前选择粒子系统对象的不同类型呈现不同的结构。

图 4-1　粒子系统创建命令面板

在 Object Type(对象类型)项目中列出了 7 种不同类型的粒子系统,它们包括:

Spray(喷射)、Snow(雪)、Blizzard(暴风雪)、PArray(粒子阵列)、PCloud(粒子云)、Super Spray(超级喷射)、PF Source(粒子流源)。

粒子动画由各种功能的事件所控制，出生事件通常是全局事件后的第一个事件，可以为粒子指定年龄，粒子在动画的持续时间内能够经历诞生、成长、衰老、消失整个过程，如图 4-2 所示。

图 4-2　粒子的年龄

这些粒子从出生事件开始，驻留于事件的持续周期之内，粒子流会计算每个事件的动作，如图 4-3 所示，粒子在持续周期内可以有 3 个动作：改变形状；自身旋转；繁殖出子级粒子。

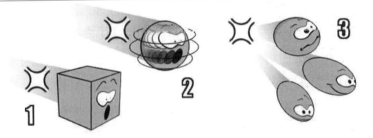

1—改变形状；2—自身旋转；3—繁殖出子级粒子

图 4-3　粒子动作

粒子在运动过程中还可以受到外力的作用，自身的材质和贴图属性也可以发生变化，包括：粒子受重力影响；粒子发生碰撞；粒子材质属性变化，如图 4-4 所示。

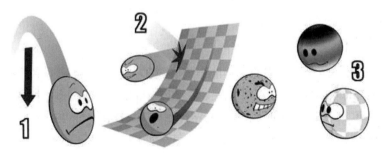

1—粒子受重力影响；2—粒子发生碰撞；3—粒子材质属性变化

图 4-4　粒子在运动过程中受外力作用的变化

如果事件包含测试，则粒子流确定测试参数值的粒子是否为真(例如，是否与场景中的对象碰撞)，如果为真，并且此测试与另一事件关联，则粒子流将此粒子发送到下一事件；如果不为真，则此粒子保留在当前事件中，并且其操作符和测试可能会进一步对其进行监测。因此，某一时间内每个粒子只存在于一个事件中。

4.1.2　粒子系统功能

1. Spray(喷射)

Spray 粒子系统可以创建下雨或喷泉的效果，与 Path Follow(路径跟随)空间扭曲配合使用，可以创建粒子系统跟随路径运动的动画。

2. Snow(雪)

Snow 粒子系统可以创建下雪或彩色纸屑飞舞的效果。

3. PArray(粒子阵列)

PArray 粒子系统使用一个三维对象作为阵列分布依据，并将该对象作为发射器向外发射粒子。

4. Super Spray(超级喷射)

Super Spray 粒子系统类似于 Spray 粒子系统，但附加了更多的参数值控制项目，可以创建更为复杂的粒子喷射效果。

5. Blizzard(暴风雪)

Blizzard 粒子系统类似于 Snow 粒子系统，但附加了更多的参数值控制项目，可以创建更为复杂的粒子系统效果。

6. PCloud(粒子云)

利用 PCloud (Particle Cloud)粒子系统可以在一个指定的三维空间中分布粒子对象，用于创建鸟群、羊群、人群的效果。可以指定标准的长方体空间、球体空间、圆柱体空间，还可以选定任意一个可渲染的三维对象作为对象基础发射器，二维平面对象不能作为粒子云发射器。

7. PF Source(粒子流源)

PF(Particle Flow)是一种通用的、功能强大的粒子系统，使用一种事件驱动模式，并使用一种特殊的 Particle View(粒子视图)对话框。在 Particle View 对话框中，可以将一个粒子系统的操作器，即粒子的单独属性，如 Shape、Speed、Direction、Rotation 等，在一段时间内连接到事件组。每个操作器提供一组参数值，都可以受事件驱动控制粒子系统的动画属性。当事件发生后，Particle Flow 持续监测列表中的所有操作器，并更新粒子系统的动画状态。

为了获得更为真实的粒子动画，可以创建一个 Flow(流)使事件连线在一起，将粒子从一个事件传送到另一个事件。利用 Test(测试)可以检测粒子的年龄、移动速度与导向器的碰撞等属性，并将测试结果传送到下一个事件。

4.1.3　粒子视图

粒子视图为创建和编辑粒子系统提供了良好的用户界面，在主窗口(事件显示)中包含粒子的图表，一个粒子系统由一个或多个事件连线构成，并包含一个或多个操作器和测试的列表，所有的操作器和测试被称为 Action(动作)。

第一个事件被称为全局事件(具有与 Particle Flow 图标相同的名称，默认为 PF Source ##)，这是因为该事件所包含的操作器会影响整个粒子系统，接下来将是一个出生事件，在其中包含 Birth 操作器，同时还可以包含几个定义粒子系统其他初始属性的操作器。在此之后，就可以为粒子系统加入各种次级序列的事件(局部事件)。

使用 Test(测试)决定粒子是否符合离开当前事件的条件，进入下一个不同的事件，可以将测试连线到其他事件上。

粒子视图对话框如图 4-5 所示，在其中包含：菜单栏、事件显示、参数值面板、仓库和显示工具。

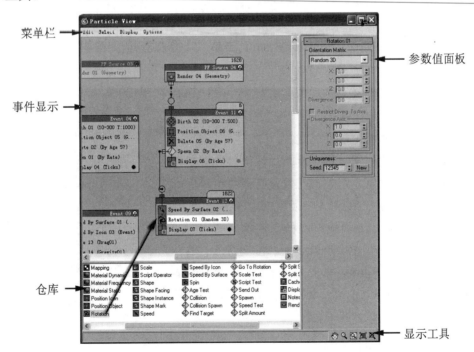

图 4-5　粒子视图

- 在菜单栏中可以访问各种编辑、选择、分析和调整功能。
- 在事件显示窗口中包含粒子图表，可以修改编辑粒子系统的事件流向。
- 在参数值面板中可以显示和编辑选定动作的参数值。

- 在仓库中包含所有粒子流的动作(Operator—操作器、Test—测试、Flow—流)，可以将仓库中的动作直接拖动放置到事件显示窗口中。
- 显示工具用于控制粒子视图的显示。

4.2 空 间 扭 曲

空间扭曲是一种不可渲染的对象，但可以使与其相绑定的对象产生变形。在场景中空间扭曲对象被显示为一个网格框架，空间扭曲网格如同其他对象一样，也可以进行移动、旋转、放缩变换。

空间扭曲只作用于与其绑定的对象，使用主工具栏中的绑定工具  可以将场景对象绑定到空间扭曲上，与空间扭曲的绑定操作显示在对象修改编辑堆栈的顶端，一般在为对象施加了各种变换和修改编辑操作之后，再将该对象绑定到指定的空间扭曲对象之上。

与修改编辑器相比，空间扭曲不仅可以作用于场景中的对象，还可以作用于整个场景。如果将多个对象同时绑定到空间扭曲之上，空间扭曲将作用于每一个对象，由于每个对象与空间扭曲对象的相对方向与相对距离不同，最终的空间扭曲作用效果也各不相同。由于空间扭曲作用效果的空间特性，当一个对象进行了移动或旋转变换之后，依据该对象与空间扭曲对象的相对方向与相对距离的变化，最后的空间扭曲作用效果也随之改变，这就是空间扭曲与修改编辑器最大的不同。另外，可以有多个空间扭曲同时作用于一个对象，这些空间扭曲依据加入的顺序排列在对象的修改编辑堆栈中。

一些类型的空间扭曲用于变形对象(几何参数值对象、网格对象、面片对象、样条曲线)；一些类型的空间扭曲作用于粒子系统和动力学系统。在创建命令面板中，每个空间扭曲对象都有一个支持对象类型的下拉列表，标示出哪些类型的对象可以绑定到该空间扭曲之上。

空间扭曲的参数值项目和变换操作都可以被指定为动画，空间扭曲与对象之间的相对位置与相对角度也可以被指定动画，空间扭曲创建命令面板如图 4-6 所示。

在空间扭曲创建命令面板中，有 5 种类型的空间扭曲：Forces(动力空间扭曲)、Deflectors(导向空间扭曲)、Geometric/Deformable(几何/变形空间扭曲)、Modifier-Based(基本编辑空间扭曲)、Particles & Dynamics(粒子系统与动力学)。

图 4-6　空间扭曲创建命令面板

4.2.1　动力空间扭曲

Forces(动力空间扭曲)可以作用于粒子系统和动力学系统，在动力空间扭曲创建命令面板中，可以创建 9 种不同类型的动力。

1. Motor(引擎空间扭曲)

Motor 空间扭曲类似于推力空间扭曲，但可以产生一种螺旋转动的推力，当其作用于粒子系统时，粒子系统与空间扭曲的相对位置与相对方向都影响最终的作用效果，围绕引擎空间扭曲产生一种旋涡状的作用力。

2. Push(推力空间扭曲)

Push 空间扭曲可以作用于粒子系统和动力学系统。作用于粒子系统时，在正向或反向产生一个大小一致、方向一致的力，其宽度方向的力是无穷大的；作用于动力学系统时，产生一个点力，在相反的方向上会产生一个反向作用力。

3. Vortex(旋涡空间扭曲)

Vortex 空间扭曲可以作用于粒子系统，使它们穿过一个旋涡慢慢落下，可以创建黑洞、涡流等效果。

4. Drag(拖拉空间扭曲)

Drag 空间扭曲是粒子运动的抑制器，在指定的范围内以指定的量，减慢粒子系统的运动，可以产生类似风阻的作用效果。该空间扭曲可以是线状的、球状的、圆柱体状的。

5. Path Follow(路径跟随空间扭曲)

Path Follow 空间扭曲可以使粒子系统沿一条路径曲线运动。

6. PBomb(粒子爆炸空间扭曲)

PBomb 空间扭曲可以产生一个空间冲击波，将粒子系统炸开，该空间扭曲也可以作用于动力学对象。如果想创建爆炸一组对象的效果，首先要将对象进行 PArray(粒子阵列)。

7. Gravity(重力空间扭曲)

Gravity 空间扭曲可以产生真实的重力吸引效果，这种空间扭曲可以作用于粒子系统和动力学系统，重力空间扭曲的箭头方向就是粒子系统的移动方向(指向或背向)。

8. Wind(风力空间扭曲)

Wind 空间扭曲可以创建类似风吹动粒子飞舞的效果，该空间扭曲可以作用于粒子系统和动力学系统。风力空间扭曲的作用方式类似于重力空间扭曲，但它还可以指定粒子飞舞的混乱度等模拟真实自然的参数值项目。

9. Displace(贴图置换空间扭曲)

Displace 空间扭曲用于塑形对象的表面，该空间扭曲可以作用于三维对象，也可以作用于粒子系统。其作用效果类似于贴图置换修改编辑器，但它可以作用于空间场景中与其绑定的所有对象，而且贴图置换空间扭曲的作用效果受对象与空间扭曲之间相对距离和相对方向的影响。

Displace 空间扭曲有以下两种作用方式：首先可以利用贴图图像的灰度数值，指定贴图置换的强度，图像中白色部分不受贴图置换的影响，黑色部分依据置换强度被挤压出来，灰色部分依据明度比例被挤压出来；另外，还可以直接依据设定的强度和衰减数值进行置换操作。

如果贴图置换空间扭曲作用于粒子系统，作用效果受粒子数量的影响；如果贴图置换空间扭曲作用于三维对象，作用效果受对象表面节点数量的影响；如果想得到精细的贴图置换效果，首先应使用 Tessellate(细化)修改编辑器，细化对象表面的节点分布。

4.2.2　导向空间扭曲

Deflectors(导向空间扭曲)用于使粒子系统或动力学系统发生偏移，在导向空间扭曲创建命令面板中，可以创建 9 种不同类型的导向空间扭曲，它们是：PDynaFlect (平面动力学导向器)、POmniFlect (平面泛向导向器)、SDynaFlect (球体动力学导向器)、 SOmniFlect (球体泛向导向器)、UDynaFlect (通用动力学导向器)、UOmniFlect (通用泛向导向器)、SDeflector (球体导向器)、UDeflector (通用导向器)、Deflector (导向器)。

4.2.3　几何/变形空间扭曲

Geometric/Deformable(几何/变形空间扭曲)用于编辑三维对象的形态，在几何/变形空间扭曲创建命令面板中，可以创建 7 种不同类型的几何/变形空间扭曲，它们是：Displace (贴图置换空间扭曲)、FFD(Box)(自由变换长方体空间扭曲)、FFD(Cyl)(自由变换圆柱体空间扭曲)、Wave (波浪空间扭曲)、Ripple (波纹空间扭曲)、Conform (拟合化空间扭曲)、Bomb (爆炸空间扭曲)。

4.2.4　基本编辑空间扭曲

Modifier-Based(基本编辑空间扭曲)的作用效果类似于修改编辑器，但它们可以作用于整个场景的空间范围，而且与其他空间扭曲一样，也要绑定到对象之上。在基本编辑空间扭曲创建命令面板中，可以创建 6 种不同类型的基本编辑空间扭曲，它们是：Bend(弯曲空间扭曲)、Noise(噪波空间扭曲)、Skew(推斜空间扭曲)、Taper (锥化空间扭曲)、Twist (扭曲空间扭曲)、Stretch (延展空间扭曲)。

4.3　小型案例实训：电影级超写实岩浆的制作

本案例将利用 PF Source(粒子流源)粒子系统结合高级写实材质创建出科幻电影中逼真的岩浆流动的动画特效，如图 4-7 和图 4-8 所示。

图 4-7　最终渲染的暖色效果

图 4-8　最终渲染的冷色效果

操作步骤如下。

(1)　打开 3ds Max 2016 软件，进入设置命令面板的 Standard Primitives(基本几何体)创建选项卡，如图 4-9 所示。

(2)　在设置命令面板的创建选项卡中单击选择 Plane(平面)按钮，在透视图中拖曳创建出一个 Plane(平面)模型，如图 4-10 所示。

(3)　在透视图中选择 Plane(平面)模型，进入设置命令面板的 Modify(修改)设置选项卡，将 Parameters(参数值)卷展栏下的 Length Segs(长度段数) 和 Width Segs(宽度段数)的参数值都设置为 50，如图 4-11 所示。

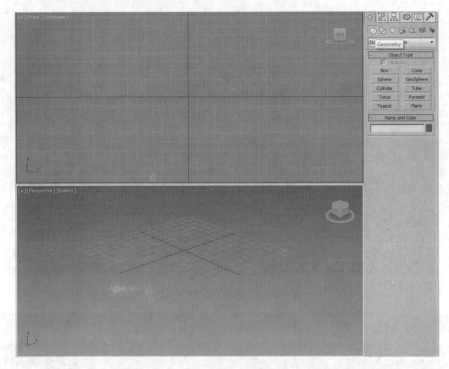

图 4-9　打开 3ds Max 2016 软件进入 Standard Primitives(基本几何体)的创建选项卡

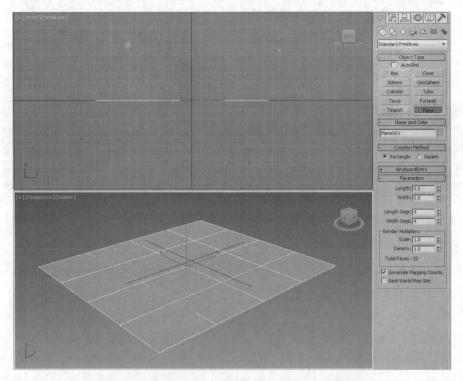

图 4-10　在透视图中拖曳创建出一个 Plane(平面)模型

(4) 在 Modify(修改)设置选项卡中单击 Modifier List(修改器列表)向下的按钮，选择

Edit Poly(可编辑多边形)修改器，如图 4-12 所示。

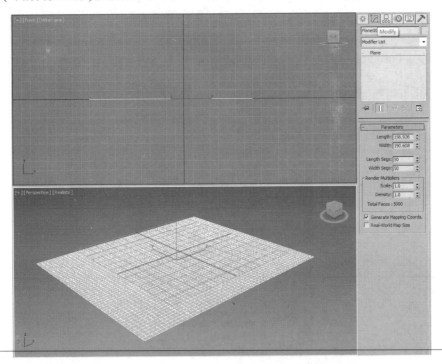

图 4-11　设置 Plane(平面)模型的长度段数和宽度段数的参数值

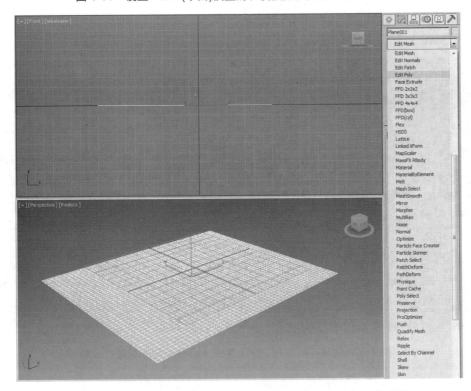

图 4-12　为 Plane(平面)模型添加 Edit Poly(可编辑多边形)修改器

(5) 在 Plane(平面)模型的基础上制作一个岩浆模型。为了让透视图看起来更加清爽以便于后续操作,单击鼠标进入透视图,按 G 键隐藏视图中的网格,然后单击工具栏中 Toggle Ribbon(石墨工具)中的 Freeform(自由变形)选项卡,选择 Paint Deform(绘制变形)选项,单击选择 Push/Pull(推/拉)工具,在 Plane(平面)模型上进行绘制,如图 4-13 所示。

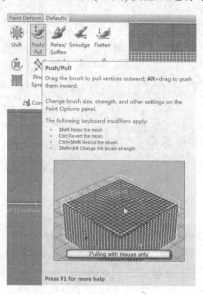

图 4-13　运用 Push/Pull(推/拉)工具在 Plane(平面)模型上进行绘制

(6) 将鼠标放置在 Plane(平面)模型上按住左键进行绘制,鼠标经过的位置随着画笔运动轨迹的变化出现了凹凸不平的效果,形成了连绵的岩浆山脉,如图 4-14 所示。

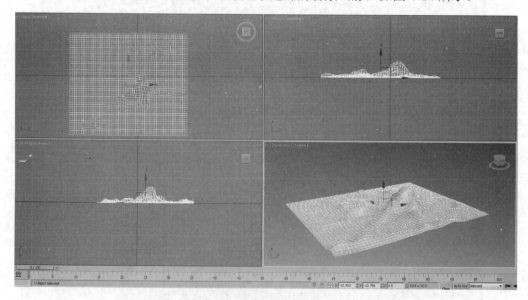

图 4-14　将鼠标放置在 Plane(平面)模型上按住左键进行绘制

(7) 为岩浆山脉的场景创建一部摄影机,在透视图上单击鼠标以激活视图,接着按 Ctrl + C 组合键,这样就将透视图转变成了摄影机视图,同时还在场景中创建了一部摄影机，如图 4-15 所示。

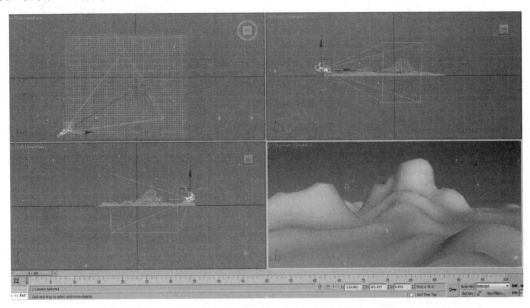

图 4-15　按 Ctrl + C 组合键在场景中创建一部摄影机

(8)　在视图中单击选择岩浆山脉模型，然后单击工具栏上的 Slate Material Editor(石板材质编辑器)按钮 ，打开 Slate Material Editor(石板材质编辑器)参数值设置对话框。Slate Material Editor(石板材质编辑器)是 种新增加的基于节点模式的材质编辑器，它可以制作出纷繁复杂、写实逼真的材质效果，但是当设置这种新增加的材质编辑器时不是很直观，所以我们要切换到原先的 Compact Material Editor(材质球编辑器)对话框。单击 Slate Material Editor(石板材质编辑器)参数值设置对话框菜单中的 Modes(模式)，在下拉列表中单击选择 Compact Material Editor(材质球编辑器)选项，如图 4-16 所示。

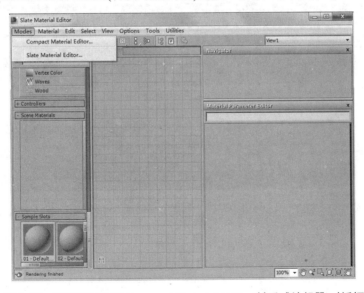

图 4-16　切换到原先的 Compact Material Editor(材质球编辑器)对话框

(9) 单击鼠标选择第一个材质球，接着单击材质赋予按钮，将第一个材质球赋予场景中的岩浆山脉模型，如图 4-17 所示。

(10) 为场景创建灯光。在设置命令面板的灯光创建选项卡下，单击 Photometric(光子灯光)右侧的向下箭头，在列表中选择 Standard(标准灯光)，将 Photometric(光子灯光)类型切换成 Standard(标准灯光)类型，如图 4-18 所示。

(11) 在 Standard(标准灯光)类型的 Object Type(灯光类型)卷展栏下单击选择 Target Spot(目标聚光灯)，在顶视图场景中建立一盏 Target Spot(目标聚光灯)，顶视图调整灯光照射位置到岩浆山脉的半侧角度，在前视图调整灯光位置到岩浆山脉的右上方，如图 4-19 所示。

图 4-17　赋予场景中的岩浆山脉模型材质

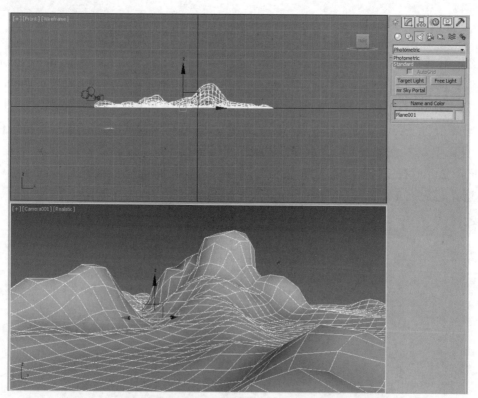

图 4-18　将 Photometric(光子灯光)类型切换成 Standard(标准灯光)类型

(12) 在场景中选择 Target Spot(目标聚光灯)，进入设置命令面板的 Modify(修改)设置选项卡，在 General Parameters(常规参数值)卷展栏下，勾选 Shadows(阴影)选项开关，为了设置阴影边缘的柔和效果，让渲染出来的阴影更加真实，我们单击 Shadow Map(阴影贴图)

右侧的向下小箭头，在滑出的类型列表中将 Target Spot(目标聚光灯)的阴影类型设置为 Area Shadows(区域阴影)，如图 4-20 所示。

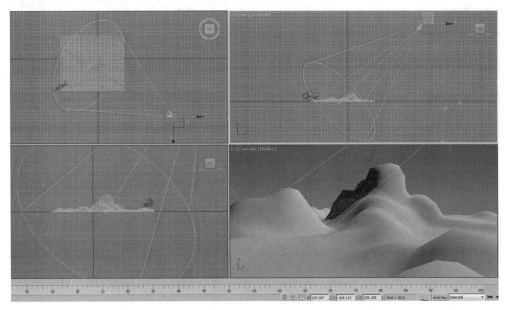

图 4-19　在顶视图场景中建立一盏 Target Spot(目标聚光灯)

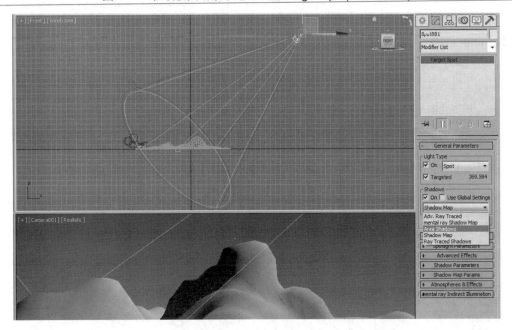

图 4-20　将阴影的类型设置为 Area Shadows(区域阴影)

(13) 单击 Area Shadows(区域阴影)卷展栏左侧的"+"，将 Shadow Integrity(阴影完整性)的参数值设置为 4，将 Shadow Quality(阴影质量)的参数值设置为 6，将 Area Light Dimensions(区域灯光尺寸)下的 Length(长度)和 Width(宽度)的数值均设置为 100.0，如图 4-21 所示。

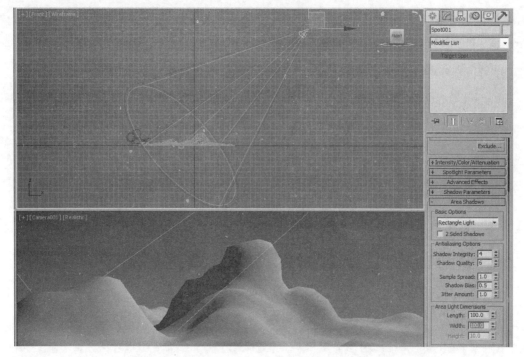

图 4-21　设置 Area Shadows(区域阴影)的参数值

(14) 在 Target Spot(目标聚光灯)的 Intensity/Color/Attenuation(强度/颜色/衰减)卷展栏下将 Multiplier(倍增)强度的参数值设置为 2.2，将 Decay(衰减)类型设置为 Inverse(平方反比)，将 Start(开始)的参数值设置为 400.0，如图 4-22 所示。

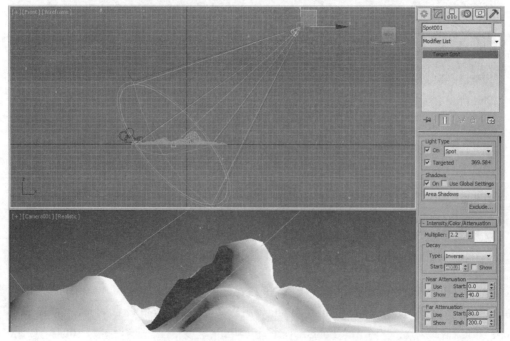

图 4-22　设置 Target Spot(目标聚光灯)的强度和衰减参数值

(15) 单击进入 Spotlight Parameters(聚光灯参数值)卷展栏下，将 Hotspot/Beam(聚光区/光束)的参数值设置为 50.0，将 Falloff/Field(衰减区/区域)的参数值设置为 75.0，如图 4-23 所示。

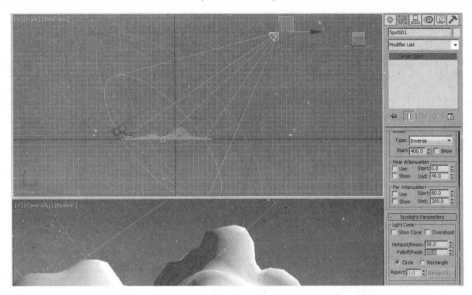

图 4-23　设置 Target Spot(目标聚光灯)的聚光区和衰减区

(16) 在场景中单击选择岩浆山脉模型，进入设置命令面板的 Modify(修改)设置选项卡，在 Modify(修改)设置选项卡中单击 Modifier List(修改器列表)向下的按钮，选择 Turbo Smooth(涡轮平滑)修改器，如图 4-24 所示。

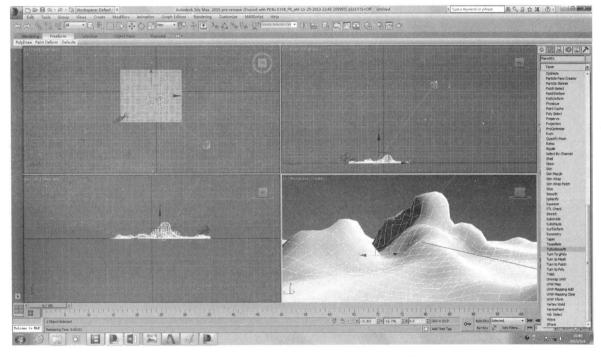

图 4-24　为岩浆山脉模型添加 Turbo Smooth(涡轮平滑)修改器

(17) 在修改堆栈中单击 Turbo Smooth(涡轮平滑)修改器，进入 Turbo Smooth(涡轮平滑)设置卷展栏，将 Iterations(迭代次数)的参数值设置为 2，这是为了使岩浆山脉模型渲染出来更加平滑逼真，如图 4-25 所示。

图 4-25　将岩浆山脉模型的 Iterations(迭代次数)参数值设置为 2

(18) 在岩浆山脉模型的前方再创建一盏 Target Spot(目标聚光灯)作为场景的补光，在场景中选择刚刚创建的 Target Spot(目标聚光灯)，进入设置命令面板的 Modify(修改)设置选项卡，在 General Parameters(常规参数值)卷展栏下，勾选 Shadows(阴影)选项开关，同时在 Intensity/Color/Attenuation(强度/颜色/衰减)卷展栏下，将 Multiplier(倍增)灯光强度设置为 0.5，如图 4-26 所示。

(19) 在顶视图岩浆山脉模型的左侧创建一盏 Omni(点光源)，然后切换到左视图移动 Omni(点光源)的位置到岩浆山脉模型大小两倍的正上方中央，在场景中选择刚刚创建的 Omni(点 光 源) ， 进 入 设 置 命 令 面 板 的 Modify(修 改) 设 置 选 项 卡 ， 在 Intensity/Color/Attenuation(强度/颜色/衰减)卷展栏下勾选 Far Attenuation(远衰减)的 Use(使用)和 Show(显示)选项，将 Start(开始)的参数值设置为 120.0，将 End(结束)的参数值设置为 180.0，如图 4-27 所示。

(20) 继续在顶视图中岩浆山脉模型的右侧后方建立一盏 Target Spot(目标聚光灯)，在场景中选择 Target Spot(目标聚光灯)，进入设置命令面板的 Modify(修改)设置选项卡，在 General Parameters(常规参数值)卷展栏下，勾选 Shadows(阴影)选项开关，同时在 Intensity/Color/Attenuation(强度/颜色/衰减)卷展栏下，将 Multiplier(倍增)灯光强度设置为 0.3，如图 4-28 所示。

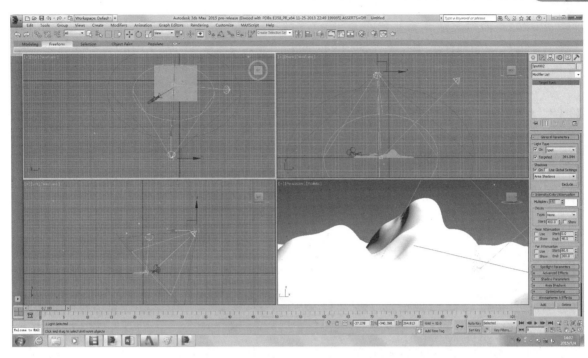

图 4-26　在岩浆山脉模型的前方再创建一盏 Target Spot(目标聚光灯)

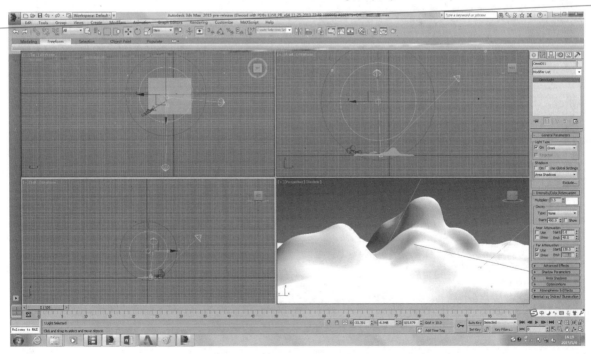

图 4-27　创建一盏 Omni(点光源)并设置点光源的远衰减参数值

(21) 为了使岩浆山脉模型渲染出来更加真实，我们要为岩浆山脉模型增加 Displace(置换)修改器，这个修改器可以增加岩浆山脉的细节。在场景中单击选择岩浆山脉模型，进入设置命令面板的 Modify(修改)设置选项卡，在 Modify(修改)设置选项卡中单击 Modifier

3ds Max 2016 动画设计案例教程

List(修改器列表)右侧向下的小箭头,在滑出的列表中选择 Displace(置换)修改器,并在 Parameters(参数值)卷展栏下将 Strength(强度)的参数值设置为5.0。单击 Image(图像)项目栏下 Map(贴图)中的 None 按钮,在弹出的 Material/Map Browser(材质/贴图浏览器)对话框里选择 Cellular(细胞)材质类型,单击 OK 按钮,如图 4-29 所示。

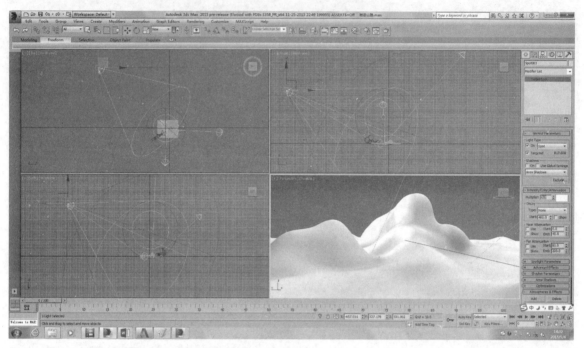

图 4-28　在岩浆山脉模型的右侧后方建立一盏 Target Spot(目标聚光灯)并设置参数值

图 4-29　为岩浆山脉模型增加 Displace(置换)修改器

(22) 下面为岩浆山脉设置逼真的材质。单击工具栏上的 Slate Material Editor(石板材质编辑器)按钮 ，打开 Material Editor(材质编辑器)对话框，在场景中选择岩浆山脉模型，进入 Modify(修改)设置选项卡，在 Displace(置换)修改器中单击将刚刚选择的位于 Map(贴图)中的 Cellular(细胞)材质拖曳到 Material Editor(材质编辑器)中的第二个材质球上，在弹出的 Copy(Instance)Map(复制/实例贴图)窗口中选择 Instance(实例)的复制方式，单击 OK 按钮，如图 4-30 所示。

(23) 进入 Cellular Parameters(细胞参数值)的参数值设置卷展栏，在 Cell Characteristics(细胞特性)项目栏中勾选 Fractal(分形)选项，将 Size(尺寸)的参数值设置为 1.0，将 Spread(扩散)的参数值设置为 1.0，此时视图中的岩浆山脉模型已经增加了很多细节，如图 4-31 所示。

图 4-30　选择 Instance(实例)的复制方式

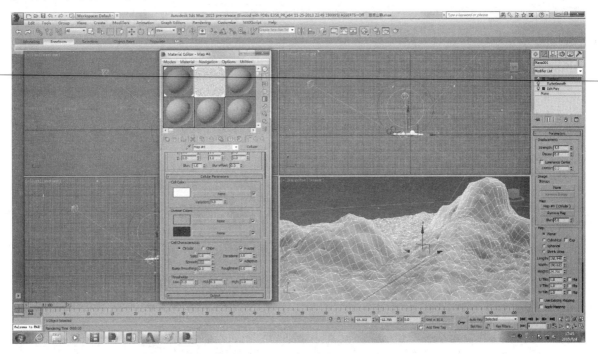

图 4-31　设置 Cellular Parameters(细胞参数值)的数值

(24) 从视图中可以看到虽然岩浆山脉模型的细节增加了，但是模型看起来并不平滑，所以我们要为岩浆山脉模型再添加一个 Turbo Smooth(涡轮平滑)修改器。在场景中单击选择岩浆山脉模型，进入设置命令面板的 Modify(修改)设置选项卡，在 Modify(修改)设置选项卡中单击 Modifier List(修改器列表)向下的按钮，选择添加 Turbo Smooth(涡轮平滑)修改器，进入 Turbo Smooth(涡轮平滑)设置卷展栏，将 Iterations(迭代次数)的参数值设置为 2，此时模型看起来细节丰富且平滑逼真，如图 4-32 所示。

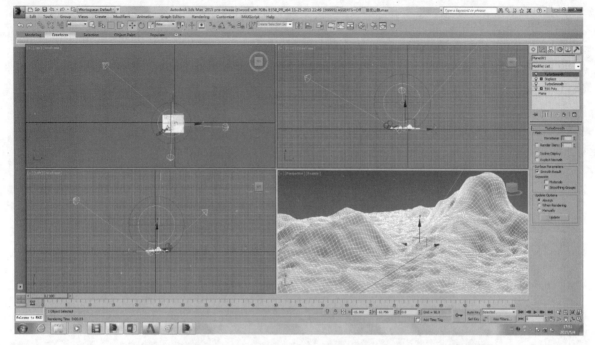

图 4-32　为岩浆山脉模型再次添加一个 Turbo Smooth(涡轮平滑)修改器

(25) 单击工具栏中的 Slate Material Editor(石板材质编辑器)按钮，打开 Material Editor(材质编辑器)对话框，选择第一个材质球，单击 Standard(标准)按钮，在弹出的 Material/Map Browser(材质/贴图浏览器)对话框里选择 Blend(混合)材质类型，单击 OK 按钮，如图 4-33 所示。

图 4-33　选择 Blend(混合)材质类型

（26）在弹出的 Replace Material(替换材质)对话框中选择 Discard old material(扔掉旧材质)选项，单击 OK 按钮，如图 4-34 所示。

图 4-34 选择 Discard old material(扔掉旧材质)选项

（27）进入 Blend Basic Parameters(混合材质基本参数值)卷展栏，单击 Material 1(材质 1)右侧的贴图通道按钮，如图 4-35 所示。

（28）在 Material 1(材质 1)中的 Shader Basic Parameters(明暗器基本参数值设置)卷展栏下，选择 Oren-Nayar-Blinn 类型，进入 Oren-Nayar-Blinn Basic Parameters(Oren-Nayar-Blinn 类型基本参数值设置)卷展栏下，勾选 Self-Illumination(自发光)

图 4-35 单击 Material 1(材质 1)
右侧的贴图通道按钮

选项，将 Specular(高光反射)的颜色设置为淡蓝色。在 Advanced Diffuse(高级漫反射)项目栏下，将 Roughness(粗糙度)的参数值设置为 100，在 Specular Highlight(反射高光)项目栏下，将 Specular Level(高光级别)的参数值设置为 32，将 Glossiness(光泽度)的参数值设置为 55，如图 4-36 所示。

（29）单击 Maps(贴图)卷展栏左侧的"+"，进入 Maps(贴图)卷展栏，单击 Diffuse Color(漫反射颜色)右侧贴图通道的 None 按钮，在弹出的 Material/Map Browser(材质/贴图浏览器)对话框里选择 Noise(噪波)材质类型，单击 OK 按钮，如图 4-37 所示。

（30）进入 Noise Parameters(噪波参数值)设置卷展栏，将 Noise Type(噪波类型)设置为 Fractal(分形)，将 Size(尺寸)的参数值设置为 21.0，将 Color #1 的颜色块设置为灰蓝色，将 Color #2 的颜色块设置为灰色，如图 4-38 所示。

3ds Max 2016 动画设计案例教程

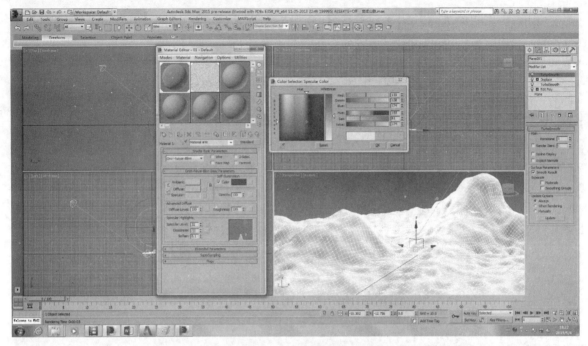

图 4-36 设置 Blend(混合材质)中 Material 1(材质 1)的参数值

图 4-37 为 Diffuse Color(漫反射颜色)贴图通道添加 Noise(噪波)材质

(31) 单击 Color #1(颜色 #1)右侧贴图通道中的 None 按钮，在弹出的 Material/Map Browser(材质/贴图浏览器)对话框里选择 Noise(噪波)材质类型，单击 OK 按钮，如图 4-39 所示。

(32) 进入 Color #1 贴图通道的 Noise Parameters(噪波参数值)设置卷展栏，将 Noise Type(噪波类型)设置为 Fractal(分形)，将 Size(尺寸)的参数值设置为 5.0，将 High(高度)的参数值设置为 0.78，将 Low(低谷)的参数值设置为 0.52；将 Color #1 的颜色块设置为纯黑色，将 Color #2 的颜色块设置为深褐色，如图 4-40 所示。

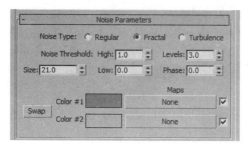

图 4-38　设置 Noise Parameters(噪波参数值)设置卷展栏中的参数

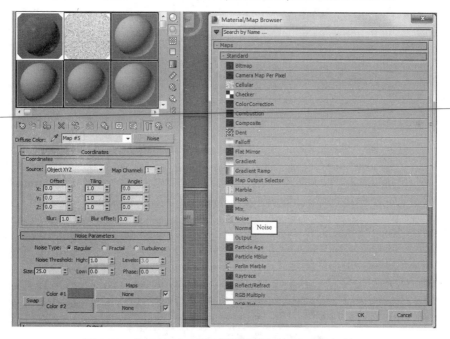

图 4-39　为 Color #1 的贴图通道添加 Noise(噪波)材质

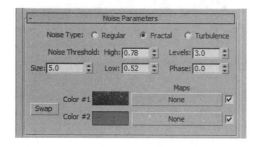

图 4-40　设置 Color #1 贴图通道的 Noise Parameters(噪波参数值)

(33) 返回上一层，回到 Maps(贴图)卷展栏，单击 Specular Level(高光级别)右侧贴图通道的 None 按钮，在弹出的 Material/Map Browser(材质/贴图浏览器)对话框里选择 Noise(噪波)材质类型，单击 OK 按钮，如图 4-41 所示。

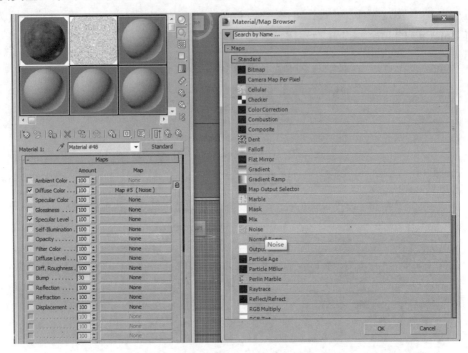

图 4-41 在 Specular Level(高光级别)贴图通道添加 Noise(噪波)材质

(34) 进入 Specular Level(高光级别)贴图通道的 Noise Parameters(噪波参数值)设置卷展栏，将 Noise Type(噪波类型)设置为 Turbulence(湍流)，将 Size(尺寸)的参数值设置为 15.0，将 High(高度)的参数值设置为 1.0，将 Low(低谷)的参数值设置为 0.0；将 Color #1 的颜色块设置为纯黑色，将 Color #2 的颜色块设置为纯白色，如图 4-42 所示。

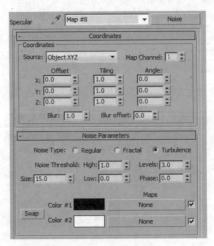

图 4-42 设置 Specular Level(高光级别)贴图通道的 Noise Parameters(噪波参数值)

(35) 单击 Color #1 右侧的贴图通道的 None 按钮，在弹出的 Material/Map Browser(材

质/贴图浏览器)对话框里选择 Speckle(斑点)材质类型，单击 OK 按钮，如图 4-43 所示。

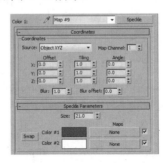

图 4-43　为 Color #1 的贴图通道添加 Speckle(斑点)材质

(36) 进入 Speckle Parameters(斑点参数值)设置卷展栏，将 Size(尺寸)的参数值设置为 21.0，将 Color #1 右侧的颜色块设置为深灰色，将 Color #2 右侧的颜色块设置为纯白色，如图 4-44 所示。

(37) 返回上一层，回到 Maps(贴图)卷展栏，单击 Self-Illumination(自发光)右侧贴图通道的 None 按钮，在弹出的 Material/Map Browser(材质/贴图浏览器)对话框里选择 Falloff(衰减)材质选项，单击 OK 按钮，如图 4-45 所示。

图 4-44　设置 Speckle Parameters(斑点参数值)

(38) 进入 Falloff Parameters(衰减参数)设置卷展栏，将 Shaded:Lit(明暗处理)下第一个色块的颜色设置为纯黑色，将第二个色块的颜色设置为深蓝色，将 Falloff Type(衰减类型)设置为 Shadow/Light(阴影/灯光)类型，如图 4-46 所示。

图 4-45　为 Self-Illumination(自发光)贴图通道添加 Falloff(衰减)材质

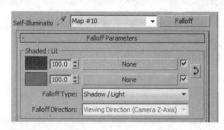

图 4-46　设置 Falloff Parameters(衰减参数)卷展栏中的颜色和参数

(39) 返回上一层，回到 Maps(贴图)卷展栏，单击 Bump(凹凸)右侧贴图通道的 None 按钮，在弹出的 Material/Map Browser(材质/贴图浏览器)对话框里选择 Cellular(细胞)材质类型，单击 OK 按钮，如图 4-47 所示。

(40) 进入 Bump(凹凸)贴图通道的 Cellular Parameters(细胞参数值)设置卷展栏，将 Cell Color(细胞颜色)设置为纯白色，单击右侧的 None 通道按钮，在弹出的 Material/Map Browser(材质/贴图浏览器)对话框里选择 Output(输出)材质类型，单击 OK 按钮，如图 4-48 所示。

(41) 进入 Cell Color(细胞颜色)贴图通道的 Output Parameters(输出参数值)设置卷展栏，单击 Map(贴图)右侧的 None 贴图通道按钮，在弹出的 Material/Map Browser(材质/贴图浏览器)对话框里选择 Smoke(烟雾)材质类型，单击 OK 按钮，如图 4-49 所示。

(42) 进入 Map(贴图)通道中的 Smoke Parameters(烟雾参数值)设置卷展栏，将 Size(尺寸)的参数值设置为 3.0，如图 4-50 所示。

(43) 返回上一层，回到 Bump(凹凸)贴图通道的 Cellular Parameters(细胞参数值)设置卷展栏，将 Division Colors(分界颜色)下方的第一个颜色块设置为灰色，将第二个颜色块设置为纯黑色。单击第一个颜色块右侧的 None 贴图通道按钮，在弹出的 Material/Map Browser(材质/贴图浏览器)对话框里选择 Speckle(斑点)材质类型，单击 OK 按钮，如图 4-51 所示。

图 4-47　为 Bump(凹凸)贴图通道添加 Cellular(细胞)材质

图 4-48　为 Cell Color(细胞颜色)添加 Output(输出)材质

图 4-49　为 Output Parameters(输出参数值)添加 Smoke(烟雾)材质

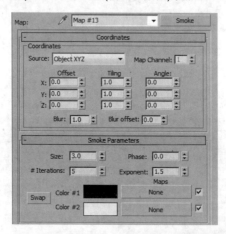

图 4-50　设置 Smoke Parameters(烟雾参数值)

(44) 进入 Division Colors(分界颜色)贴图通道中的 Speckle Parameters(斑点参数值)设置卷展栏，将 Size(尺寸)的参数值设置为 5.0，如图 4-52 所示。

(45) 返回上一层，回到 Bump(凹凸)贴图通道的 Cellular Parameters(细胞参数值)设置卷展栏，在 Cell Characteristics(细胞特性)项目栏下，选择 Chips(碎片)选项并勾选 Fractal(分形)选项，将 Size(尺寸)的参数值设置为 80.0，将 Iterations(迭代次数)的参数值设置为 10.0，将 Spread(扩散)的参数值设置为 1.0，如图 4-53 所示。

(46) 单击 Output(输出)左边的"+"，打开 Output(输出)设置卷展栏，勾选 Enable Color Map 选项，单击 Output(输出)曲线调节工具栏中的 Add Point(添加节点)按钮，在曲线调节区域中的直线上加入 5 个节点，单击 Output(输出)曲线调节工具栏中 Move(移动)

按钮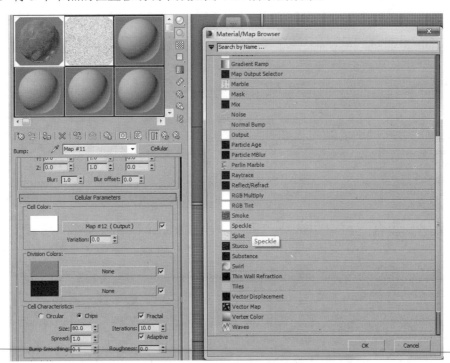，将 5 个节点的位置移动调节成如图 4-54 所示的效果。

图 4-51　为 Division Colors(分界颜色)第一个颜色块添加 Speckle(斑点)材质

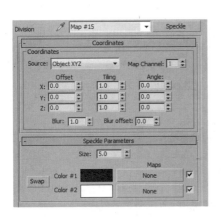

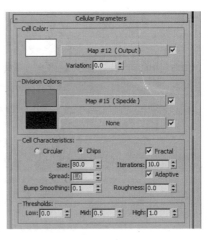

图 4-52　设置 Speckle Parameters(斑点参数值)　　图 4-53　设置 Cellular Parameters(细胞参数值)

(47) 返回上两个层级，回到 Blend Basic Parameters(混合材质基本参数值)卷展栏，单击 Material 2(材质 2)右侧的贴图通道按钮，如图 4-55 所示。

(48) 在 Material 2(材质 2)中的 Shader Basic Parameters(明暗器基本参数值设置)卷展栏下，选择 Blinn 类型，进入 Blinn Basic Parameters(Blinn 类型基本参数值)设置卷展栏下，勾选 Self-Illumination(自发光)选项，将 Specular(高光反射)的颜色设置为深棕色，再将 Diffuse(漫反射)的颜色同样设置为深棕色。在 Specular Highlights(反射高光)项目栏下，将

Specular Level(高光级别)的参数值设置为 0，将 Glossiness(光泽度)的参数值也设置为 0，如图 4-56 所示。

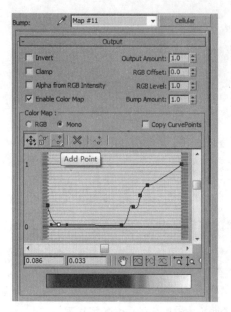

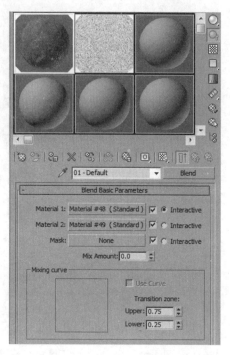

图 4-54　设置 Output(输出)的属性和参数值　　图 4-55　单击 Material 2(材质 2)右侧的贴图通道按钮

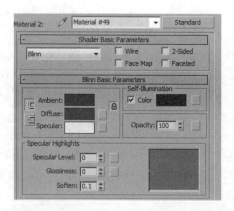

图 4-56　设置 Blinn Basic Parameters(Blinn 类型基本参数值)

(49) 单击 Maps(贴图)卷展栏左侧的"+"，进入 Maps(贴图)卷展栏，单击 Self-Illumination(自发光)右侧贴图通道的 None 按钮，在弹出的 Material/Map Browser(材质/贴图浏览器)对话框里选择 Falloff(衰减)材质类型，单击 OK 按钮，如图 4-57 所示。

(50) 进入 Self-Illumination(自发光)贴图通道的 Falloff Parameters(衰减参数值)设置卷展栏，将第一个颜色块设置为橙黄色，将第二个颜色块设置为橙红色，并将 Falloff Type(衰减类型)设置为 Perpendicular/Parallel(垂直/平行)类型。单击 Output(输出)左边的"+"，打开 Output(输出)设置卷展栏，将 RGB Level(RGB 级别)的参数值设置为 2.0，如图 4-58 所示。

(51) 返回上一层级，回到 Material 2(材质 2)的 Maps(贴图)卷展栏，单击 Bump(凹凸)右侧贴图通道的 None 按钮，在弹出的 Material/Map Browser(材质/贴图浏览器)对话框里选择 Noise(噪波)材质类型，单击 OK 按钮，如图 4-59 所示。

图 4-57 为 Self-Illumination(自发光)贴图通道添加 Falloff(衰减)材质

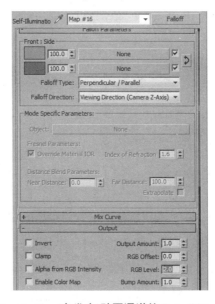

图 4-58 设置 Self-Illumination(自发光)贴图通道的 Falloff Parameters(衰减参数值)

(52) 将 Bump(凹凸)贴图通道的 Amount(数量)参数值设置为-999，单击进入 Bump(凹凸)贴图通道中的 Noise Parameters(噪波参数值)设置卷展栏，将 Noise Type(噪波类型)设置为 Turbulence(湍流)类型，将 Size(尺寸)的参数值设置为 3.0，如图 4-60 所示。

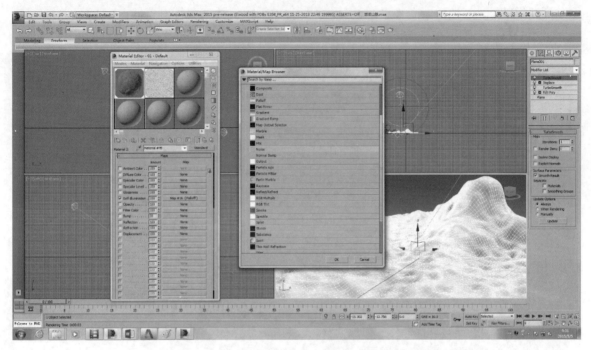

图 4-59　为 Bump(凹凸)贴图通道添加 Noise(噪波)材质

（53）返回上两个层级，回到 Blend Basic Parameters(混合材质基本参数值)卷展栏，单击 Mask(遮罩)右侧的贴图通道 None 按钮，在弹出的 Material/Map Browser(材质/贴图浏览器)对话框里选择 Cellular(细胞)材质类型，单击 OK 按钮，如图 4-61 所示。

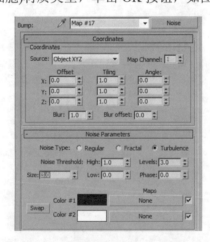

图 4-60　设置 Bump(凹凸)贴图通道中的 Noise Parameters(噪波参数值)

（54）进入 Mask(遮罩)贴图通道的 Cellular Parameters(细胞参数值)设置卷展栏，将 Cell Color(细胞颜色)设置为纯白色，单击右侧的 None 贴图通道按钮，在弹出的 Material/Map Browser(材质/贴图浏览器)对话框里选择 Output(输出)材质类型，单击 OK 按钮，如图 4-62 所示。

图 4-61　单击 Mask(遮罩)贴图通道添加 Cellular(细胞)材质

图 4-62　为 Cell Color(细胞颜色)贴图通道添加 Output(输出)材质

(55) 进入 Cell Color(细胞颜色)贴图通道中的 Output(输出)设置卷展栏，将 RGB Level(RGB 级别)的参数值设置为 2.0，如图 4-63 所示。

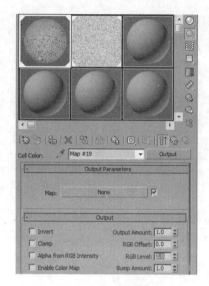

图 4-63　设置 Cell Color(细胞颜色)贴图通道中的 Output(输出)参数值

(56) 返回上一层级，回到 Mask(遮罩)贴图通道的 Cellular Parameters(细胞参数值)设置卷展栏，在 Cell Characteristics(细胞特性)项目栏下，选择 Chips(碎片)选项并勾选 Fractal(分形)选项，将 Size(尺寸)的参数值设置为 80.0，将 Iterations(迭代次数)的参数值设置为 10.0，将 Spread(扩散)的参数值设置为 1.0，如图 4-64 所示。

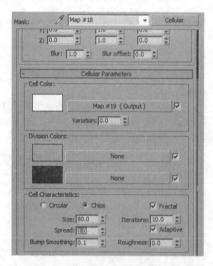

图 4-64　设置 Mask(遮罩)贴图通道中的 Cellular Parameters(细胞参数值)

(57) 单击 Output(输出)左边的"+"，打开 Output(输出)设置卷展栏，勾选 Enable Color Map 选项，单击 Output(输出)曲线调节工具栏中的 Add Point(添加节点)按钮 ，在曲线调节区域中的直线上加入 5 个节点，单击 Output(输出)曲线调节工具栏中 Move(移动)按钮 ，将 5 个节点的位置移动调节成如图 4-65 所示的效果。

(58) 制作热气从岩浆山脉中散发出来的真实效果。进入设置命令面板的创建面板，在 Geometry(几何体)创建选项卡中单击 Standard Primitives(标准几何体)右侧向下的小箭头，在滑出的下拉列表中选择 Particle Systems(粒子系统)，如图 4-66 所示。

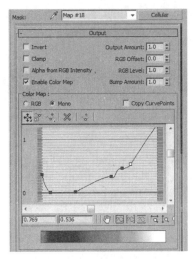

图 4-65　调节 Output(输出)参数设置卷展栏中的曲线

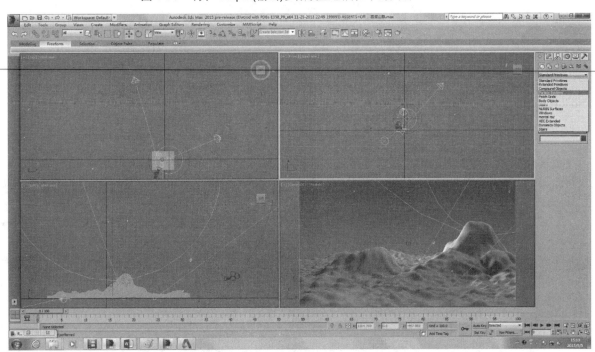

图 4-66　选择 Particle Systems(粒子系统)创建岩浆气体

(59) 在 Particle Systems(粒子系统)的 Object Type(对象类型)卷展栏下，单击选择 PF Source(粒子流源)按钮，在顶视图中拖曳创建出一个 PF Source(粒子流源)发射器，选择刚刚创建的 PF Source(粒子流源)发射器，进入设置命令面板的 Modify(修改)设置选项卡，在 Emission(发射)卷展栏下，将 Emitter Icon(发射图标)项目栏下的粒子发射器 Length(长度)的参数值设置为 25.0，将 Width(宽度)的参数值设置为 30.0，如图 4-67 所示。

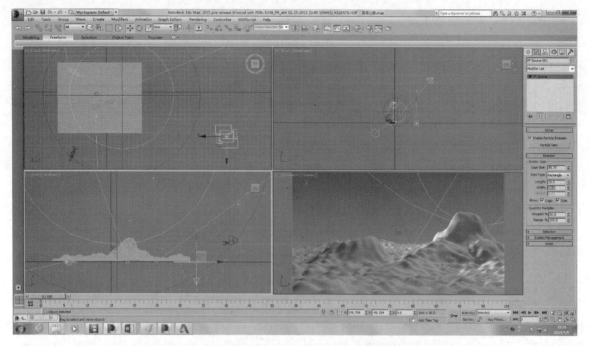

图 4-67　设置 PF Source(粒子流源)发射器的基本参数值

(60) 由于默认的 PF Source(粒子流源)发射器的发射方向是向下的，因此单击选择工具栏中的旋转按钮，切换到左视图中将 PF Source(粒子流源)发射器向上旋转 143°，调节 PF Source(粒子流源)发射器的发射方向为偏右的向上方向，单击选择工具栏中的移动按钮，在前视图中将 PF Source(粒子流源)发射器向左稍稍移动位置，如图 4-68 所示。

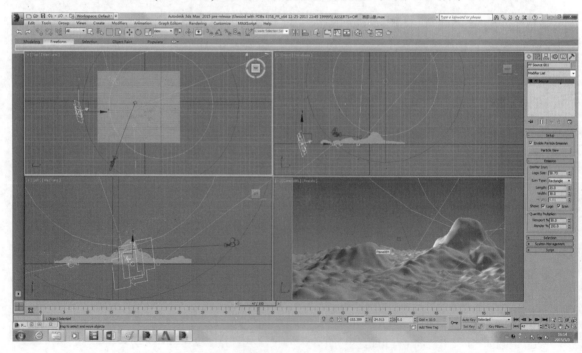

图 4-68　用旋转工具和移动工具调节 PF Source(粒子流源)发射器的发射方向

(61) 在左视图中选择 PF Source(粒子流源)发射器，进入设置命令面板的 Modify(修改)设置选项卡，在 Setup(设置)卷展栏下，单击 Particle View(粒子视图)按钮，打开 PF Source(粒子流源)发射器的 Particle View(粒子视图)参数值设置对话框，如图 4-69 所示。

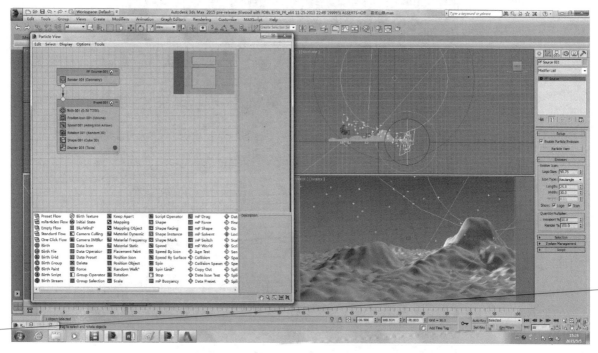

图 4-69　打开 PF Source(粒子流源)发射器的 Particle View(粒子视图)参数值设置对话框

(62) 在 PF Source(粒子流源)发射器的 Particle View(粒子视图)参数值设置对话框中，单击选择 PF Source 001(粒子流源 001)节点下面的 Render 001(Geometry)(渲染 001 几何体)命令，进入右侧的 Render 001(渲染 001)参数值设置卷展栏，将 Visible(可见)的百分比参数值设置为 50.0(这个操作是为了在实时查看粒子效果时，减少粒子显示的数量来减轻计算机系统的负担)，如图 4-70 所示。

(63) 在 Event 001(事件 001)节点中单击选择 Birth 001(出生 001)命令，进入右边的 Birth 001(出生 001)参数值设置卷展栏，将 Emit Start(发射开始)的参数值设置为-15，将 Emit Stop(发射停止)的参数值设置为 100，将 Amount(粒子数量)的参数值设置为 1000，如图 4-71 所示。

(64) 在 Event 001(事件 001)节点中单击选择 Speed 001(速度 001)命令，进入右边的 Speed 001(速度 001)参数值设置卷展栏，将 Speed(速度)的参数值设置为 50.0，将 Variation(变化)的参数值设置为 7.0，这里 Speed(速度)的参数值大小决定粒子的发射速度，而 Variation(变化)的参数值大小决定粒子在发射过程中紊乱变化的程度，如图 4-72 所示。

(65) 在 Event 001(事件 001)节点中单击选择 Display 001(显示 001)命令，进入右边的 Display 001(显示 001)参数值设置卷展栏，单击 Type(类型)右侧向下的小箭头，从滑出的列表中选择 Geometry(几何体)选项，如图 4-73 所示。

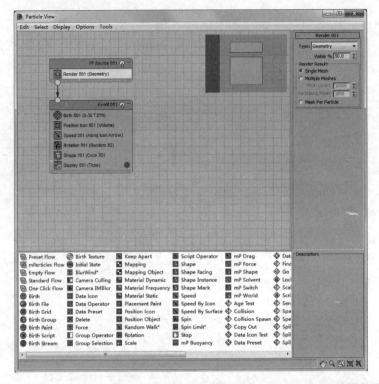

图 4-70 在 Particle View(粒子视图)中设置粒子的 Visible(可见)百分比数值

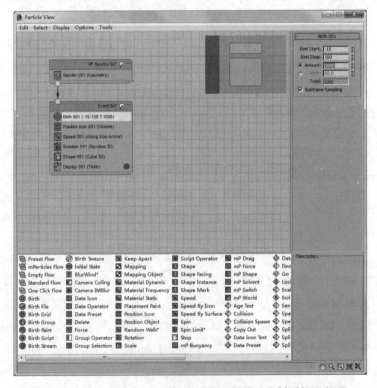

图 4-71 设置 PF Source(粒子流源)发射器的发射时间和数量

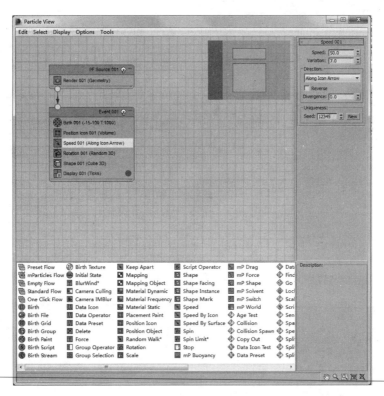

图 4-72　设置 PF Source(粒子流源)发射器的发射速度和变化

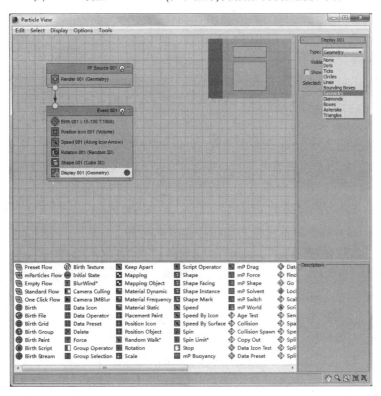

图 4-73　设置 PF Source(粒子流源)发射器的显示类型

(66) 在 Event 001(事件 001)节点中单击选择 Shape 001(形状 001)命令，进入右边的 Shape 001(形状 001)参数值设置卷展栏，单击选择 2D 选项，单击右侧向下的小箭头，从滑出的列表中选择 Square(方形)选项，将 Size(尺寸)的参数值设置为 30.0，如图 4-74 所示。

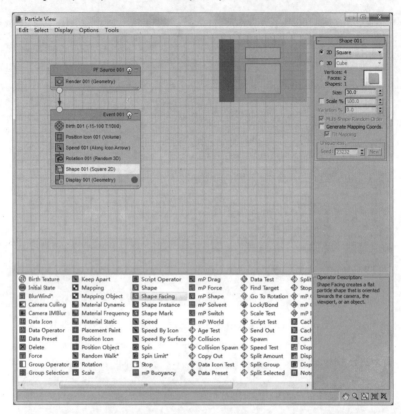

图 4-74　设置 Shape 001(形状 001)为 Square(方形)类型

(67) 在 Particle View(粒子视图)下方的命令组中单击选择 Shape Facing(图形朝向)命令，将 Shape Facing(图形朝向)命令拖曳至 Event 001(事件 001)节点中，进入 Shape Facing 001(图形朝向 001)的参数值设置卷展栏，单击 Look At Camera/Object(注视摄影机/对象)项目栏下方的 None 按钮，在场景单击选取摄影机，如图 4-75 所示。

(68) 在 Size/Width(尺寸/宽度)项目栏下勾选 In World Space(在世界空间中)选项，并将 Variation(变化)的百分比参数值设置为 20.0，如图 4-76 所示。

(69) 单击工具栏中的 Slate Material Editor(石板材质编辑器)按钮 ，打开 Material Editor(材质编辑器)对话框，选择第三个材质球赋予 PF Source(粒子流源)发射器，在 Shader Basic Parameters(明暗器基本参数值设置)卷展栏下，选择明暗器的类型为 Oren-Nayar-Blinn，勾选 Face Map(面贴图)选项，进入 Oren-Nayar-Blinn Basic Parameters(Oren-Nayar-Blinn 类型基本参数值设置)卷展栏下，勾选 Self-Illumination(自发光)选项。在 Advanced Diffuse(高级漫反射)项目栏下，将 Diffuse Level(漫反射级别)的参数值设置为 100，将 Roughness(粗糙度)的参数值设置为 50。在 Specular Highlights(反射高光)项目栏下，将 Specular Level(高光级别)的参数值设置为 0，将 Glossiness(光泽度)的参数值设置为 0，如图 4-77 所示。

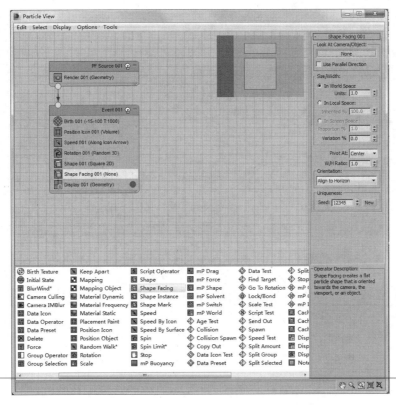

图 4-75　在 Event 001(事件 001)节点中添加 Shape Facing(图形朝向)命令

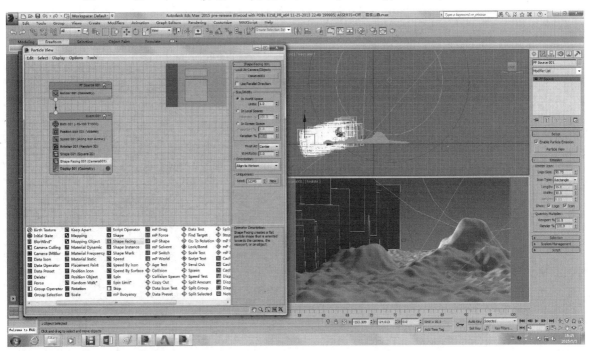

图 4-76　设置 Shape Facing(图形朝向)命令的参数值

图 4-77　为 PF Source(粒子流源)发射器设置逼真的烟雾材质

(70) 单击 Maps(贴图)卷展栏左侧的"+"，进入 Maps(贴图)卷展栏，单击 Diffuse Color(漫反射颜色)右侧贴图通道的 None 按钮，在弹出的 Material/Map Browser(材质/贴图浏览器)对话框里选择 Particle Age(粒子年龄)材质类型，单击 OK 按钮，如图 4-78 所示。

图 4-78　为 Diffuse Color(漫反射颜色)贴图通道添加 Particle Age(粒子年龄)材质

(71) 单击进入 Diffuse Color(漫反射颜色)贴图通道中的 Particle Age Parameters(粒子年龄参数值)设置卷展栏，单击 Color #1(颜色 #1)右侧的贴图通道 None 按钮，在弹出的 Material/Map Browser(材质/贴图浏览器)对话框里选择 Gradient(渐变)材质类型，如图 4-79 所示。

图 4-79　为 Color #1(颜色 #1)贴图通道添加 Gradient(渐变)材质

(72) 单击进入 Color #1(颜色 #1)贴图通道中的 Gradient Parameters(渐变参数值)设置卷展栏，将 Color #1(颜色 #1)中的颜色块设置为浅棕色，将 Color #2(颜色 #2)中的颜色块设置为深棕色，将 Color #3(颜色 #3)中的颜色块设置为纯黑色，将 Gradient Type(渐变类型)设置为 Radial(径向)类型。在 Noise(噪波)项目栏中将 Amount(数量)的参数值设置为 0.6，将 Size(尺寸)的参数值设置为 6.9，将 Levels(级别)的参数值设置为 4.0，勾选 Fractal(分形)选项，如图 4-80 所示。

(73) 返回上一层级，回到 Diffuse Color(漫反射颜色)贴图通道中的 Particle Age Parameters(粒子年龄参数值)设置卷展栏，单击 Color #2(颜色 #2)右侧的贴图通道 None 按钮，在弹出的 Material/Map Browser(材质/贴图浏览器)对话框里选择 Gradient(渐变)材质类型，如图 4-81 所示。

(74) 单击进入 Color #2(颜色 #2)贴图通道中的 Gradient Parameters(渐变参数值)设置卷展栏，将 Color #1(颜色 #1)中的颜色块设置为浅褐色，将 Color #2(颜色 #2)中的颜色块设置为深褐色，将 Color #3(颜色 #3)中的颜色块设置为浅灰色，将 Gradient Type(渐变类型)设置为 Radial(径向)类型。在 Noise(噪波)项目栏中将 Amount(数量)的参数值设置为 0.5，将 Size(尺寸)的参数值设置为 6.3，将 Levels(级别)的参数值设置为 10.0，勾选 Fractal(分形)

选项，如图 4-82 所示。

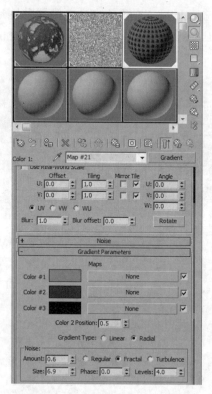

图 4-80　设置 Color #1(颜色 #1)贴图通道中的 Gradient Parameters(渐变参数值)

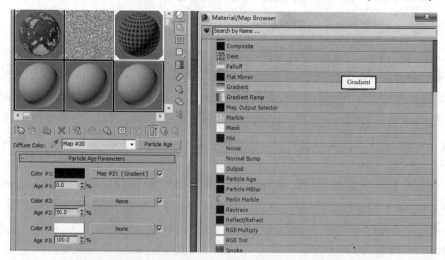

图 4-81　为 Color #2(颜色 #2)贴图通道添加 Gradient(渐变)材质

(75) 返回上一层级，回到 Diffuse Color(漫反射颜色)贴图通道中的 Particle Age Parameters(粒子年龄参数值)设置卷展栏，单击 Color #3(颜色 #3)右侧的贴图通道 None 按钮，在弹出的 Material/Map Browser(材质/贴图浏览器)对话框里选择 Gradient(渐变)材质类型，如图 4-83 所示。

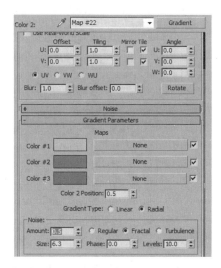

图 4-82　设置 Color #2(颜色 #2)贴图通道中的 Gradient Parameters(渐变参数值)

图 4-83　为 Color #3(颜色 #3)贴图通道添加 Gradient(渐变)材质

(76) 单击进入 Color #3(颜色 #3)贴图通道中的 Gradient Parameters(渐变参数值)设置卷展栏，将 Color #1(颜色 #1)中的颜色块设置为浅灰色，将 Color #2(颜色 #2)中的颜色块设置为深褐色，将 Color #3(颜色 #3)中的颜色块设置为深灰色，将 Gradient Type(渐变类型)设置为 Radial(线性)类型。在 Noise(噪波)项目栏中将 Amount(数量)的参数值设置为 0.4，将 Size(尺寸)的参数值设置为 3.4，将 Levels(级别)的参数值设置为 5.0，勾选 Fractal(分形)选项，如图 4-84 所示。

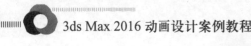

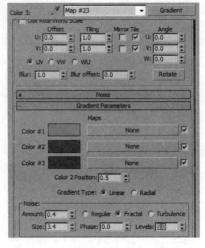

图 4-84　设置 Color #3(颜色 #3)贴图通道中的 Gradient Parameters(渐变参数值)

(77) 返回上两个层级，回到 Maps(贴图)卷展栏下，单击 Diffuse Color(漫反射颜色)右侧贴图通道中的 Particle Age(粒子年龄)材质按钮不松开，将 Particle Age(粒子年龄)材质拖曳至 Self-Illumination(自发光)贴图通道上，在弹出的 Copy(Instance)Map(复制/实例贴图)对话框中选择 Instance(实例)的复制方式，单击 OK 按钮，如图 4-85 所示。

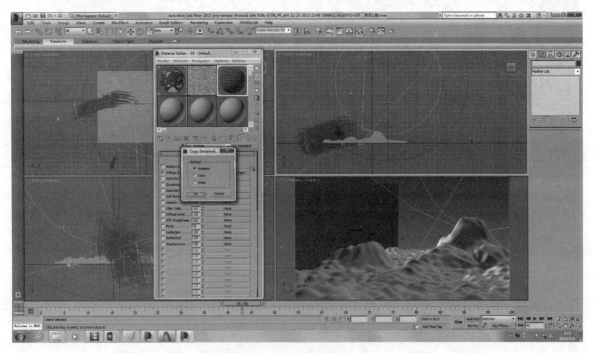

图 4-85　为 Self-Illumination(自发光)贴图通道添加 Particle Age(粒子年龄)材质

(78) 单击 Opacity(不透明度)贴图通道右侧的 None 按钮，在弹出的 Material/Map Browser(材质/贴图浏览器)对话框里选择 Particle Age(粒子年龄)材质，单击 OK 按钮，如图 4-86 所示。

图 4-86 为 Opacity(不透明度)贴图通道添加新的 Particle Age(粒子年龄)材质

(79) 单击进入 Opacity(不透明度)贴图通道中的 Particle Age Parameters(粒子年龄参数值)设置卷展栏，单击 Color #2(颜色 #2)右侧的贴图通道 None 按钮，在弹出的 Material/Map Browser(材质/贴图浏览器)对话框里选择 Gradient(渐变)材质类型，如图 4-87 所示。

图 4-87 为 Color #2(颜色 #2)贴图通道添加 Gradient(渐变)材质

(80) 单击进入 Color #2(颜色 #2)贴图通道中的 Gradient Parameters(渐变参数值)设置卷展栏，将 Color #1(颜色 #1)中的颜色块设置为纯黑色，将 Color #2(颜色 #2)中的颜色块设置为浅灰色，将 Color #3(颜色 #3)中的颜色块设置为纯白色，将 Gradient Type(渐变类型)设置为 Radial(径向)类型。在 Noise(噪波)项目栏中将 Amount(数量)的参数值设置为 0.1，将 Size(尺寸)的参数值设置为 4.4，将 Levels(级别)的参数值设置为 4.0，勾选 Turbulence(湍流)选项，如图 4-88 所示。

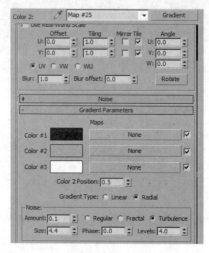

图 4-88　设置 Color #2(颜色 #2)贴图通道中的 Gradient Parameters(渐变参数值)

(81) 在 Gradient Parameters(渐变参数值)设置卷展栏下，单击 Color #2(颜色 #2)右侧的贴图通道 None 按钮，在弹出的 Material/Map Browser(材质/贴图浏览器)对话框里选择 Gradient(渐变)材质类型，如图 4-89 所示。

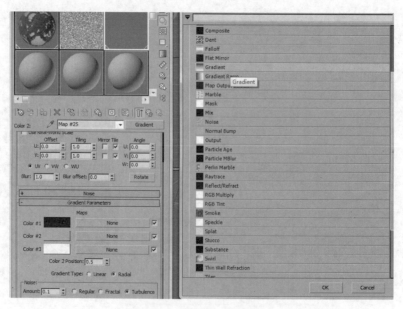

图 4-89　为 Color #2(颜色 #2)贴图通道添加 Gradient(渐变)材质

otxx-----

（82）单击 Color #2(颜色 #2)贴图通道中的 Gradient(渐变)材质，进入 Coordinates(坐标)参数值设置卷展栏，在 Angle(角度)项目栏下，将 W 轴的参数值设置为 180.0。接着进入 Gradient Parameters(渐变参数值)设置卷展栏，将 Color #2(颜色 #2)中的颜色块设置为淡淡的浅灰色。在 Noise(噪波)项目栏中将 Amount(数量)的参数值设置为 0.8，将 Size(尺寸)的参数值设置为 4.0，将 Levels(级别)的参数值设置为 10.0，勾选 Fractal(分形)选项，如图 4-90 所示。

（83）返回上一层级，将 Color #2(颜色 #2)贴图通道中的 Gradient(渐变)材质拖曳至 Color #3(颜色 #3)贴图通道中，在弹出的 Copy(Instance)Map(复制/实例贴图)对话框中选择 Instance(实例)的复制方式，单击 OK 按钮，如图 4-91 所示。

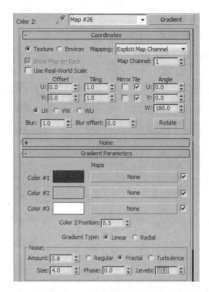

图 4-90　设置 Color #2(颜色 #2)贴图通道中的 Gradient Parameters(渐变参数值)

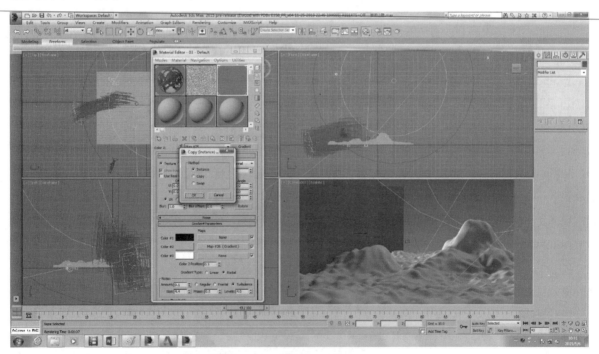

图 4-91　为 Color #3(颜色 #3)贴图通道添加 Gradient(渐变)材质(1)

（84）返回上两个层级，回到 Opacity(不透明度)贴图通道中的 Particle Age Parameters(粒子年龄参数值)设置卷展栏，单击 Color #3(颜色 #3)右侧的贴图通道 None 按钮，在弹出的 Material/Map Browser(材质/贴图浏览器)对话框里选择 Gradient(渐变)材质，如图 4-92 所示。

图 4-92　为 Color #3(颜色 #3)贴图通道添加 Gradient(渐变)材质(2)

(85) 单击进入 Color #3(颜色 #3)贴图通道中的 Gradient Parameters(渐变参数值)设置卷展栏，将 Gradient Type(渐变类型)设置为 Radial(径向)类型。在 Noise(噪波)项目栏中将 Amount(数量)的参数值设置为 0.5，将 Size(尺寸)的参数值设置为 4.0，将 Levels(级别)的参数值设置为 4.0，勾选 Turbulence(湍流)选项，如图 4-93 所示。

图 4-93　设置 Color #3(颜色 #3)贴图通道中的 Gradient Parameters(渐变参数值)

(86) 在 Gradient Parameters(渐变参数值)设置卷展栏下，单击 Color #2(颜色 #2)右侧的贴图通道 None 按钮，在弹出的 Material/Map Browser(材质/贴图浏览器)对话框里选择 Gradient(渐变)材质类型，如图 4-94 所示。

图 4-94　为 Color #2(颜色 #2)贴图通道添加 Gradient(渐变)材质

(87) 单击 Color #2(颜色 #2)贴图通道中的 Gradient(渐变)材质，进入 Coordinates(坐标)参数值设置卷展栏，在 Angle(角度)项目栏下，将 W 轴的参数值设置为 180.0。接着进入 Gradient Parameters(渐变参数值)设置卷展栏，将 Color #1(颜色 #1)中的颜色块设置为纯黑

色，将 Color #2(颜色 #2)中的颜色块设置为纯黑，将 Color #3(颜色 #3)中的颜色块设置为淡淡的浅灰色，将 Color 2 Position(颜色 2 位置)的参数值设置为 0.82。在 Noise(噪波)项目栏中将 Amount(数量)的参数值设置为 0.8，将 Size(尺寸)的参数值设置为 9.9，将 Levels(级别)的参数值设置为 10.0，勾选 Turbulence(湍流)选项，如图 4-95 所示。

(88) 返回上一层级，将 Color #2(颜色 #2)贴图通道中的 Gradient(渐变)材质拖曳至 Color #3(颜色 #3) 贴图通道中，在弹出的 Copy(Instance)Map(复制/实例贴图)对话框中选择 Instance(实例)的复制方式，单击 OK 按钮，如图 4-96 所示。

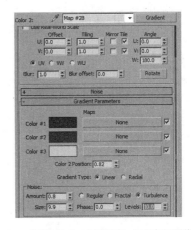

图 4-95　设置 Color #2(颜色 #2)贴图通道中的 Gradient Parameters(渐变参数值)

图 4-96　为 Color #3(颜色 #3)贴图通道添加 Gradient(渐变)材质(3)

(89) 返回上两个层级，回到 Maps(贴图)卷展栏下，单击 Filter Color(过滤色)右侧贴图通道中的 None 按钮，在弹出的 Material/Map Browser(材质/贴图浏览器)对话框里选择 Gradient(渐变)材质类型，如图 4-97 所示。

图 4-97　为 Filter Color(过滤色)贴图通道添加 Gradient(渐变)材质

(90) 将 Filter Color(过滤色)贴图通道 Amount(数量)的参数值设置为 24，单击 Filter Color(过滤色)贴图通道中的 Gradient(渐变)材质，进入 Gradient Parameters(渐变参数值)设置卷展栏，将 Color #1(颜色 #1)中的颜色块设置为纯黑色，将 Color #2(颜色 #2)中的颜色块设置为浅灰色，将 Color #3(颜色 #3)中的颜色块设置为纯黑色，将 Gradient Type(渐变类型)设置为 Radial(径向)类型。在 Noise(噪波)项目栏中将 Amount(数量)的参数值设置为 0.2，将 Size(尺寸)的参数值设置为 3.1，将 Levels(级别)的参数值设置为 4.0，勾选 Fractal(分形)选项，如图 4-98 所示。

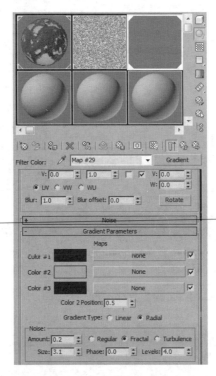

图 4-98　设置 Filter Color(过滤色)贴图通道中的 Gradient Parameters(渐变参数值)

(91) 在 Gradient Parameters(渐变参数值)设置卷展栏下，单击 Color #2(颜色 #2)右侧的贴图通道 None 按钮，在弹出的 Material/Map Browser(材质/贴图浏览器)对话框里选择 Gradient(渐变)材质类型，如图 4-99 所示。

(92) 单击 Color #2(颜色 #2)贴图通道中的 Gradient(渐变)材质，进入 Coordinates(坐标)参数值设置卷展栏，在 Angle(角度)项目栏下，将 W 轴的参数值设置为 180.0，接着进入 Gradient Parameters(渐变参数值)设置卷展栏。在 Noise(噪波)项目栏中将 Amount(数量)的参数值设置为 0.6，将 Size(尺寸)的参数值设置为 5.0，将 Levels(级别)的参数值设置为 5.0，勾选 Turbulence(湍流)选项，如图 4-100 所示。

(93) 为了使我们设置的 Particle Age(粒子年龄)材质与场景中的粒子完美地匹配上，必须使 PF Source(粒子流源)发射器发射的粒子产生从出生到死亡的变化过程，由于 Birth 001(出生 001)的参数值在上述的步骤中已经设置好了，下面我们来设置粒子死亡的参数值。在 Particle View(粒子视图)命令组中选择 Delete(删除)命令,将它拖曳到 Event 001(事件 001)节点中,进入右侧 Delete 001(删除 001)参数值设置卷展栏,勾选 Remove(移除)项目栏中的 By Particle Age(按粒子年龄)选项,将 Life Span(寿命)的参数值设置为 80,将 Variation(变化)的参数值设置为 10,如图 4-101 所示。

图 4-99　为 Color #2(颜色 #2)贴图通道添加 Gradient(渐变)材质

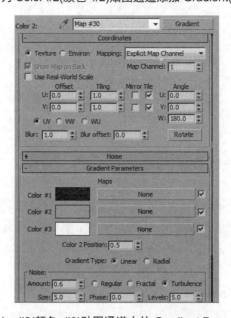

图 4-100　设置 Color #2(颜色 #2)贴图通道中的 Gradient Parameters(渐变参数值)

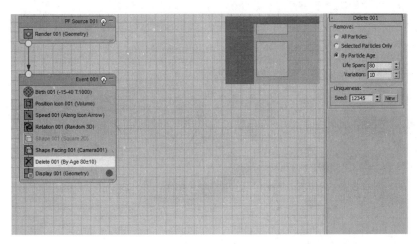

图 4-101　为 Event 001(事件 001)节点添加 Delete(删除)命令并设置其参数值

(94) 下面为了使场景更加真实，我们要创建天空背景板。在设置命令面板的创建选项卡中单击选择 Plane(平面)按钮，在透视图中拖曳创建出一个 Plane(平面)模型，进入设置命令面板的 Modify(修改)设置选项卡，将 Plane(平面)模型 Parameters(参数值)卷展栏下的 Length(长度)的参数值设置为 114.0，将 Width(宽度)的参数值设置为 287.0，如图 4-102 所示。

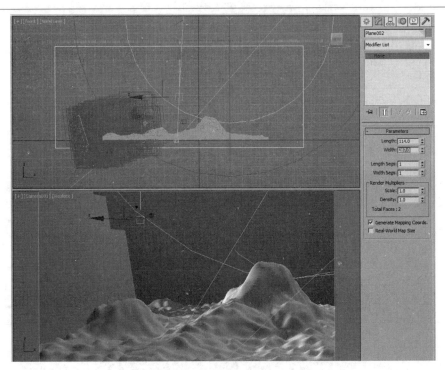

图 4-102　创建天空背景板 Plane(平面)模型

(95) 在 Material Editor(材质编辑器)中选择第四个材质球赋予给天空背景板 Plane(平面)模型，进入 Blinn Basic Parameters(Blinn 类型基本参数值)设置卷展栏下，单击 Diffuse(漫反射)右侧的小方块，在弹出的 Material/Map Browser(材质/贴图浏览器)对话框里选择 Bitmap(位图贴图)类型，在弹出的 Select Bitmap Image File(选择图片文件)对话框选择一张天空图片，单击 Open(打开)按钮，如图 4-103 所示。

图 4-103　在 Select Bitmap Image File(选择图片文件)对话框中选择天空图片

(96) 为了使背景的天空图片有比较好的渲染效果，我们将 Self-Illumination(自发光)的参数值设置为 59，在工具栏中单击渲染按钮，渲染查看最终的岩浆山脉与烟雾效果，如图 4-104 所示。

图 4-104　渲染查看最终的岩浆山脉与烟雾效果

提示：　本案例为读者讲述了制作超写实岩浆与雾气效果的方法与技巧，在岩浆效果
的制作中我们主要运用了两种混合材质，并分别为这两种基本的混合材质添
加了非常丰富的子材质属性，读者在制作时一定要仔细研读，掌握每一种子
材质的作用和其相应参数的设置方法。我们在该案例中还运用了 PF
Source(粒子流源)高级粒子来制作雾气的效果，读者在制作时也要仔细设置
粒子动画的年龄参数，实现更出彩的动画效果。

本 章 小 结

本章讲述了粒子系统的功能以及 Particle View(粒子视图)的界面结构，并介绍了空间扭
曲系统的概念、种类和功能。最后通过一个超写实岩浆与烟雾效果的小型案例实训，为读
者详细解析了 Particle Flow 粒子流功能模块的创建与参数的设置方法、超写实岩浆与烟雾
效果的实现方法、空间扭曲中拉力与重力的创建方法与参数的设置技巧。我们希望通过该
案例的讲述实现以点带面的教学效果，为读者提供一种新的粒子动画效果的制作思路。

习　　题

简答题

1. 空间扭曲与一些修改编辑器名称相同，它们在作用方式上有什么区别？

2. 在 3ds Max 2016 软件中，可以创建哪些类型粒子系统？

3. 在空间扭曲创建命令面板中，可以创建哪 6 种类型的空间扭曲？

第5章

电影级超写实夜景环境的营造

本章要点

- 3ds Max 2016 软件中视频合成编辑器设置面板功能模块的分布与参数设置的方法，掌握视频合成编辑器设置对话框中层级列表的含义与分类。
- 视频合成工具栏与创建执行事件功能模块中不同功能按钮的含义与作用，掌握视频合成特效中不同滤镜的效果属性与使用方法。

学习目标

- 识记 Splines(样条线)创建霓虹灯模型轮廓的方法，掌握夜景下迷幻霓虹灯材质氛围的营造技巧。
- 掌握视频合成编辑器中 Add Scene Event(输入场景动画事件)、Add Image Input Event(增加图像输入事件)、Add Image Filter Event(增加图像滤镜事件)等滤镜事件的添加方法与相应参数的设置技巧。

5.1 视频合成编辑器

视频合成编辑器用于在场景的渲染输出过程中，合成各种不同的事件，包括当前场景、位图图像、图像处理功能等。选择 Rendering→Video Post 菜单命令，可以打开视频合成编辑器，如图 5-1 所示。

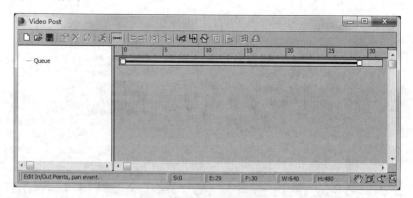

图 5-1　视频合成编辑器

5.1.1　概述

视频合成编辑器类似于轨迹视图，也是一个相对独立的非模态窗口，在该窗口的编辑列表中显示了所有要输出到动画的事件，每个事件在窗口右侧的事件轨迹区中显示为一个轨迹滑杆，指示当前事件的作用时间范围。

在视频合成编辑器窗口中主要包含以下构成元素。

1. Video Post Queue(视频合成序列)

视频合成序列显示要进行合成的事件顺序，在该窗口中以层级列表的方式列出了动画中所有视频合成事件，在渲染输出时后面的视频合成事件会覆盖前面的视频合成事件，所以在视频合成的编辑过程中一定要注意事件之间的层级顺序。双击视频合成事件，可以打开该事件的参数设置面板。

在视频合成编辑器中的视频合成序列如图 5-2 所示。

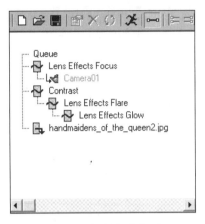

图 5-2   视频合成序列

在视频合成序列中以层级列表的方式显示了所有参与合成过程的图像、场景、事件的名称，类似于在轨迹视图或 Material/Map Browser(材质/贴图浏览器)中的层级列表。

事件在视频合成序列中从上到下的顺序就是执行合成操作的顺序，例如要想正确合成图像，背景图像必须在列表的顶部；如果背景图像在列表的底部，在最后的合成输出结果中，背景图像将遮盖所有其他图像。

2. Video Post Status Bar/View Controls(视频合成状态栏/视图控制)

在状态栏中显示当前激活的视频合成控制的执行状态和简要提示信息，视图控制工具用于调整在事件轨迹区中的显示。

3. Video Post Toolbar(视频合成工具栏)

提供各种控制视频合成过程的工具。

4. Event Tracks Area(事件轨迹区)

在事件轨迹区中，每个事件显示为一个轨迹滑杆，指示当前事件的作用时间范围和关键点，该区域上部有一个时间标尺用于对视频合成事件持续时间进行精确控制。

5.1.2   视频合成工具栏

视频合成工具栏如图 5-3 所示。

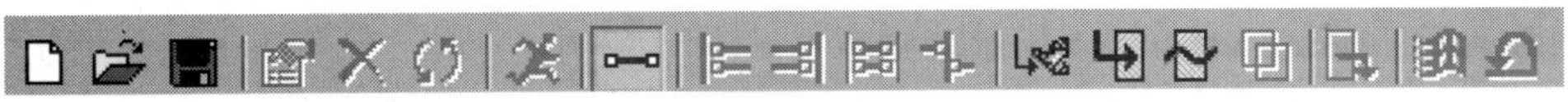

图 5-3   视频合成工具栏

在视频合成工具栏中主要包含四组工具按钮：视频合成文件 VPX 的操作工具、事件序列编辑工具、轨迹滑杆控制工具、添加事件工具。

New Sequence(新建视频序列)： 用于清除现有视频序列，创建新的视频序列。

Open Sequence(打开视频序列)： 用于打开.vpx 格式的视频序列设置文件，该文件默认存储在 3ds Max\vpost 文件夹中。视频序列的设置信息同时也被保存在场景文件中，打开一个场景文件的同时，会同时导入视频序列的设置信息。

Save Sequence(保存视频序列)： 用于将当前视频序列以.vpx 格式进行保存，这样便可以将视频序列的设置信息与其他场景文件共享。.vpx 文件默认存储在 3ds Max\vpost 文件夹中，也可以选择 Customize→Configure Paths 菜单命令，改变.vpx 文件的默认存储路径。

Edit Current Event(编辑当前事件)： 用于打开当前选定视频事件的参数设置对话框。

Delete Current Event(删除当前事件)： 用于删除当前在序列中选定的视频事件，可以删除激活的事件，也可以删除灰色的不激活事件。

Swap Event(交换视频事件)： 用于交换当前选定的两个相邻视频事件，颠倒它们的顺序，配合使用 Ctrl 键可以同时选定两个相邻事件。如果当前交换的是主事件，其下的次级事件会随同主事件一同被交换。

Execute Sequence(执行视频序列)： 用于打开 Execute Sequence(执行视频序列)对话框，对视频合成编辑器进行渲染输出的设置。关于执行视频序列对话框的设置请参见本章的"创建与执行事件"一节。

Edit Range Bar(编辑时间范围滑杆)： 单击该按钮后，通过拖动时间范围滑杆两侧的端点，可以缩放时间范围；在时间范围滑杆中间拖动，可以改变时间范围滑杆的位置；用鼠标左键双击时间范围滑杆，可以选择对应的事件。按住 Ctrl 键可以同时选择多个分离的时间范围滑杆，按住 Shift 键可以同时选择两个时间范围滑杆之间的所有时间范围滑杆。

💡 **注意：** 当选择多个时间范围滑杆后，最后选择的滑杆作为当前的事件，该时间范围滑杆的端点是红色的，以后所执行的所有对齐操作都是对齐到当前的事件。

Align Selected Left(左对齐选定的时间范围滑杆)： 用于将当前选定时间范围滑杆的左端点与最后一个选定时间范围滑杆的左端点对齐。

Align Selected Right(右对齐选定的时间范围滑杆)： 用于将当前选定时间范围滑杆的右端点与最后一个选定时间范围滑杆的右端点对齐。

Align Selected Same Size(对齐选定时间范围滑杆的长度)： 用于将当前选定时间范围滑杆的长度与最后一个选定时间范围滑杆的长度对齐。

Abut Selected(首尾连接选定的时间范围滑杆)： 用于将所有选定的时间范围滑杆，依照由上至下的层级顺序，进行首尾对齐连接。

Add Scene Event(输入场景动画事件)： 用于打开 Add Scene Event(输入当前场景动画)对话框，将当前场景的动画渲染后输入视频合成编辑器。

    Add Image Input Event(增加图像输入事件)：用于在视频合成编辑器中增加图像输入事件。

    Add Image Filter Event(增加图像滤镜事件)：用于为视频合成编辑器中的图像事件增加特殊的滤镜效果。

    Add Image Layer Event(增加图像层事件)：用于将当前选定的两个事件进行特殊的合成效果处理，如两段事件之间的淡入、淡出处理等，这时这两个选定的事件成为当前图像层事件的子级事件。

    Add Image Output Event(增加图像输出事件)：用于将视频合成编辑器中的合成结果进行输出。

    Add External Event(增加外部程序事件)：用于将编辑完成的事件渲染后，在其他的平面或视频设计软件中打开，再对其进行进一步的编辑制作。

    Add Loop Event(增加循环事件)：用于为当前选定的事件增加循环事件，这时选定的事件变成循环事件的子级事件。

5.2　创建与执行事件

5.2.1　输入场景动画事件

    单击输入场景动画事件按钮后，将当前选定视图中的场景，依据在渲染场景窗口和输入场景事件窗口中的设置，渲染输入视频合成序列中，场景渲染输入的图像或动画中包含透明通道。

    在输入场景动画事件之后，场景事件的时间范围滑杆出现在事件轨迹区中，可以对场景事件的时间范围进行编辑。

5.2.2　增加图像输入事件

    单击增加图像输入事件按钮后，可以将当前选定的静止图像或图像序列加入视频合成序列中，增加图像输入事件支持的图像格式包括：AVI、BMP、Autodesk Animation Format(FLC、FLI、CEL)、GIF、IFL、JPEG、QuickTime、RLA、SGI、TGA、TIF、YUV。

5.2.3　增加图像滤镜事件

    单击增加图像滤镜事件按钮后，图像滤镜事件被加入视频合成序列中，用于对图像或场景进行特效处理，例如 Negative(负片)滤镜可以将图像的色彩进行互补色反转。

    图像滤镜事件常常作为一个父级事件，在其下可以挂接一个子级事件，子级事件可以是场景事件、图像输入事件、包含场景事件或图像输入事件的层事件、包含场景事件或图像输入事件的图像滤镜事件。图像滤镜事件也可以是不包含子级事件的独立事件，它将针对上一个事件进行特效处理。

可以指定的图像滤镜主要包括：Adobe Photoshop Plug-In Filter(Adobe Photoshop 外挂滤镜)、Adobe Premiere Video Filter(Adobe Premiere 视频滤镜)、Contrast Filter(对比度滤镜)、Fade Filter(淡入淡出滤镜)、Image Alpha Filter(图像透明通道滤镜)、Lens Effects Filter(镜头特效滤镜)、Negative Filter(负片滤镜)、Pseudo Alpha Filter(准透明通道滤镜)、Simple Wipe Filter(普通穿插滤镜)、Starfield Filter(星空滤镜)等。

5.2.4 增加图像层事件

单击增加图像层事件按钮 可以将图像层事件加入视频合成序列中，可以对图像或场景进行特效转换处理。

图像层事件将序列中前一个事件作为源事件，然后利用特殊的转换效果，控制源事件与下一个目标事件的转换合成。

图像层事件常常作为一个父级事件，在其下挂接两个子级事件(源事件与目标事件)，子级事件还可以挂接在下一级的子级事件。子级事件可以是场景事件、图像输入事件、包含场景事件或图像输入事件的层事件、包含场景事件或图像输入事件的图像滤镜事件。

可以指定的层转换效果包括：Adobe Premiere Transition Filter (Adobe Premiere 转换滤镜)、Alpha Compositor (透明通道转换)、Cross Fade Compositor(淡入淡出转换)、Pseudo Alpha Compositor (准透明通道转换)、Simple Additive Compositor (普通明度转换)、Simple Wipe Compositor (普通穿插转换)。

5.2.5 增加图像输出事件

单击增加图像输出事件按钮 可以将图像输出事件加入视频合成序列中，图像输出事件用于将当前视频合成序列的执行结果，输出到一个文件(静止图像或动画)或外部设备中，图像输出事件的时间范围滑杆必须能包容要输出的所有动画帧。

在同一视频合成序列中可以有多个图像输出事件，用于将视频合成结果输出到不同的设备中，或者在不同的视频合成序列层级进行输出。图像输出事件支持的图像格式包括：AVI、BMP、Autodesk Animation Format(FLC、FLI、CEL), Encapsulated PostScript Format(EPS、PS)、JPEG、QuickTime、RLA、SGI、TGA、TIF。

5.2.6 增加外部程序事件

单击增加外部程序事件按钮 可以将外部程序事件加入视频合成序列中，外部程序事件用于将当前视频合成序列的执行结果使用一个外部程序进行图像处理，外部程序可以是一个图像处理软件，如 Photoshop，也可以是一个批处理文件。

5.2.7 增加循环事件

单击增加循环事件按钮 可以将循环事件加入到视频合成序列中，循环事件用于将当前视频合成序列的执行结果，依照指定的顺序不断循环播放。

循环事件常作为其他事件的父级事件，其下的子级事件还可以包含更下一级的子级事件，任何类型的事件都可以作为循环事件的子级事件，甚至可以将另一个循环事件作为子级事件。

在事件轨迹区中，子级事件的原始持续时间范围滑杆显示为彩色，循环事件的时间范围滑杆显示为灰色。可以在事件轨迹区中直接拖动鼠标，调整子级事件时间范围滑杆的持续长度和相对位置。如果要调整循环事件时间范围滑杆的长度，只能通过在 Edit Loop Event 对话框中设置 Number of Times 参数。

5.2.8　执行视频合成

执行视频合成工具 ![icon] 可以依据当前的视频合成序列，将合成结果渲染输出。与场景渲染的区别是，在视频合成过程中可以只合成图像和动画，不一定要包含当前的场景。尽管 Execute Video Post 对话框与 Render Scene 对话框相似，但它们的参数设置项目是彼此独立，互不影响的。

在执行输出的过程中，可以移动或关闭虚拟帧缓冲预览窗口，但只能执行完输出后，才能重新操作 3ds Max 2016 的其他项目。

5.3　视频合成特效

5.3.1　Adobe Photoshop 外挂滤镜

调用第三方开发商为 Adobe Photoshop 设计的外挂滤镜，可以对视频合成序列中的图像进行特效处理。由于 Adobe Photoshop 的外挂滤镜是针对静态图像设计的，所以如果将该滤镜指定给序列中的动画文件，即可在每一动画帧上创建相同的滤镜效果。

💡 **注意：**　只能调用第三方开发商为 Adobe Photoshop 设计的外挂滤镜，不能调用 Photoshop 程序自带的滤镜。

5.3.2　Adobe Premiere 视频滤镜

调用 Adobe Premiere 的视频滤镜，可以对视频合成序列中的动画图像进行特效处理，在视频合成序列的一个滤镜事件中，可以指定多个 Adobe Premiere 视频滤镜。

5.3.3　对比度滤镜

使用对比度滤镜可以调整图像的亮度和对比度。

5.3.4　淡入淡出滤镜

淡入淡出滤镜可以指定图像或动画逐渐显现和逐渐消隐的效果。淡入淡出的速度由当

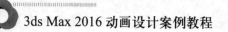

前图像滤镜事件的时间范围滑杆长度决定。

5.3.5　图像透明通道滤镜

图像透明通道滤镜使用滤镜遮罩通道取代图像的 Alpha 通道，如果没有选择一个遮罩文件，该滤镜将不起作用。滤镜遮罩通道可以在 Add Image Filter Event 对话框的 Mask 项目中选定，可以选择的滤镜遮罩通道包括：Alpha 通道、Red 通道、Green 通道、Blue 通道、Luminance 通道、Z-Buffer 通道、Material Effects 通道、Object ID(G-Buffer)通道。

为对象指定 G-Buffer ID 通道，可以在对象上右击，从弹出的快捷菜单中选择 Properties 命令，在弹出的 Object Properties 对话框中，将对象的 G-Buffer 数值指定为一个非 0 的正整数。

💡 **注意：** 如果将同一个 G-Buffer ID 数值指定给多个对象，这些对象将会同时进行合成处理。

5.3.6　负片滤镜

负片滤镜用于将当前图像中的所有色彩反转为对应的互补色，创建类似摄影负片的效果。

5.3.7　准透明通道滤镜

准透明通道滤镜使用图像左上角的像素色彩创建一个准 Alpha 通道，在当前图像中所有使用该色彩的像素都是透明的，由于只有一个像素色彩是透明的，所以不透明区域的边缘是抗锯齿的。

5.3.8　普通穿插滤镜

将前景图像推拉或擦除，以显示出背景的图像，与 Wipe 层事件不同，穿插滤镜使用固定的图像。这种穿插转换方式是匀速的，转换的速度取决于当前使用该转换效果的图像层事件时间范围滑杆的长度。

5.3.9　星空滤镜

星空滤镜必须作用于一个摄影机视图的场景输入事件，星空滤镜可以随同摄影机的运动拍摄而运动，如果再指定运动虚化处理，就可以创建非常真实的自然星空效果。

5.3.10　镜头特效滤镜

在视频合成对话框中的镜头特效滤镜用于模拟真实摄影机的镜头光斑、发光、闪烁、景深模糊等效果，这些效果作用于场景中指定的对象，在 3ds Max 2016 中包含以下镜头特效滤镜。

- Lens Effects Flare(镜头特效光斑)：创建强光照射到镜头上时，由镜头反射回的光斑效果。
- Lens Effects Focus(镜头特效焦距)：依据对象离摄像机的距离，创建景深虚化的效果，3ds Max 2016 将对象离摄像机距离远近的信息保存在 Z-Buffer(Z 缓冲)中，镜头特效焦距使用 Z-Buffer 中保存的信息创建对象虚化的效果。
- Lens Effects Glow(镜头特效发光)：用于在选定对象的周围创建发光的效果，可以模拟激光光束、太空船推进器的喷射效果等。
- Lens Effects Highlight(镜头特效高光)：用于在场景中选定的对象上，创建闪亮的十字星光芒。

知识链接： 如果对镜头特效滤镜的参数指定了动画设置，该动画设置直接指向到当前场景，所以将视频合成序列保存到 VPX 文件后，参数的动画设置信息会丢失，这些镜头特效的动画信息只能随同 MAX 场景文件一起被保存。

5.4　小型案例实训：夜景下迷幻霓虹灯的制作

本案例将通过具体的设计，详细讲述如何使用视频合成编辑器创建与编辑视频合成的效果，如图 5-4 所示。

图 5-4　夜景下迷幻霓虹灯的渲染效果

操作步骤如下。

(1) 打开 3ds Max 2016 软件，首先制作霓虹灯模型。单击按钮 进入创建命令面板的 Shapes(图形)的 Splines(样条线)创建选项卡，单击 Line(线段)按钮，在前视图中绘制出两条霓虹灯的轮廓线，如图 5-5 所示。

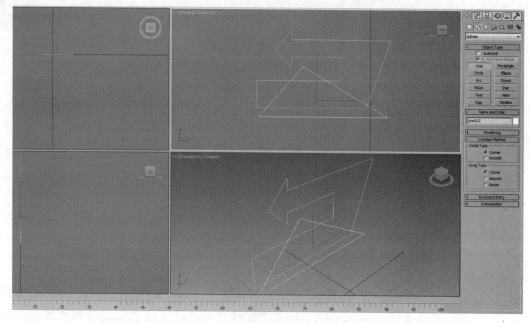

图 5-5　绘制霓虹灯的轮廓线

(2) 为霓虹灯的轮廓线增加一定的圆角弧度。首先在场景中选择三角形的霓虹灯轮廓线,单击按钮进入设置命令面板的 Modify(修改)设置选项卡,单击修改堆栈中 Line(线段)左侧的"+",选择 Vertex(点)选项,在场景中选择霓虹灯三角形轮廓线的三个顶点,进入 Geometry(几何体)参数设置卷展栏,将 Fillet(圆角)的参数值设置为 4,如图 5-6 所示。

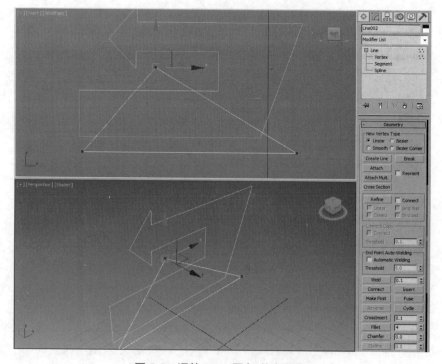

图 5-6　调整 Fillet(圆角)的参数值

（3）　依照霓虹灯三角形轮廓线圆角弧度的制作方法，将霓虹灯的箭头轮廓线调整为如图 5-7 所示的形状。

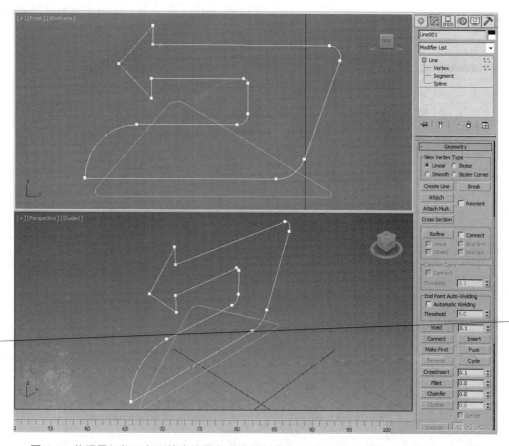

图 5-7　依照霓虹灯三角形轮廓线圆角弧度的制作方法调整霓虹灯箭头轮廓线的圆角弧度

（4）　按住 Shift 键的同时拖曳鼠标，将刚刚创建的霓虹灯轮廓线再复制出一份，在弹出的 Clone Options(克隆选项)对话框中选择 Copy(拷贝)的复制方式，单击 OK 按钮，如图 5-8 所示。

图 5-8　选择 Copy(拷贝)的复制方式将霓虹灯轮廓线再复制出一份

（5）　为刚刚复制出的霓虹灯轮廓线增加一定的厚度作为灯箱。在场景中选择复制的轮廓线，单击按钮进入设置命令面板的 Modify(修改)设置选项卡，在 Modify(修改)设置选项卡中单击 Modifier List(修改器列表)向下的按钮，选择 Extrude(挤出)修改器。在 Parameters(参数)设置卷展栏下，将 Amount(数量)的参数值设置为 10.0，选择的轮廓线转变为了模型，如图 5-9 所示。

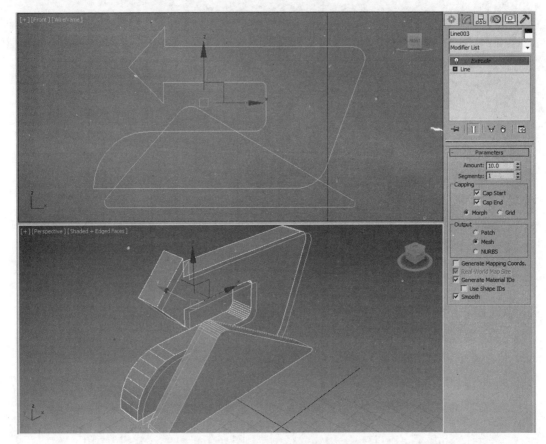

图 5-9　在 Extrude(挤出)修改器的 Parameters(参数)卷展栏下设置 Amount(数量)的参数值

(6) 选择原始的两条霓虹灯轮廓线，进入 Rendering(渲染)的参数设置卷展栏中，勾选 Enable In Renderer(在渲染中启用)和 Enable In Viewport(在视口中启用)两个选项，将 Thickness(厚度)的参数值设置为 1.0。设置完毕后，在工具栏中选择移动工具，稍微调节一下轮廓线与灯箱模型的距离，如图 5-10 所示。

(7) 为霓虹灯增加一些文字来丰富场景的效果。单击按钮进入创建命令面板的 Shapes(图形)的 Splines(样条线)创建选项卡，选择 Text(文本)选项，进入 Rendering(渲染)参数设置卷展栏中，将 Thickness(厚度)的参数值设置为 0.3，在 Parameters(参数)设置卷展栏的 Text 文本框中，输入"24 Hour"，将 Size(尺寸)的参数值设置为 14.0，切换至前视图中，单击创建字体轮廓线，如图 5-11 所示。

(8) 再添加一个"Coffee"文本。选择 Text(文本)选项，进入 Rendering(渲染)参数设置卷展栏中，将 Thickness(厚度)的参数值设置为 0.3，在 Parameters(参数)设置卷展栏的

Text 文本框中，输入"Coffee"，将 Size(尺寸)的参数值设置为 14.0，切换至前视图中，单击创建字体轮廓线，如图 5-12 所示。

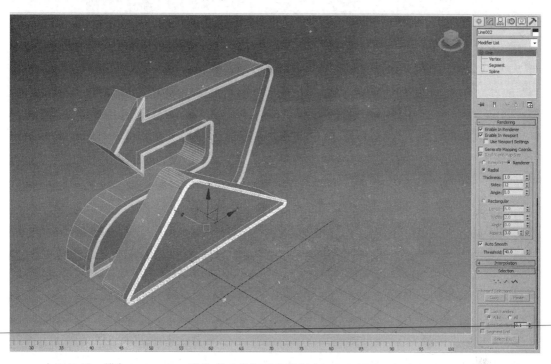

图 5-10　进入 Rendering(渲染)的参数设置卷展栏中设置原始霓虹灯轮廓线的显示状态

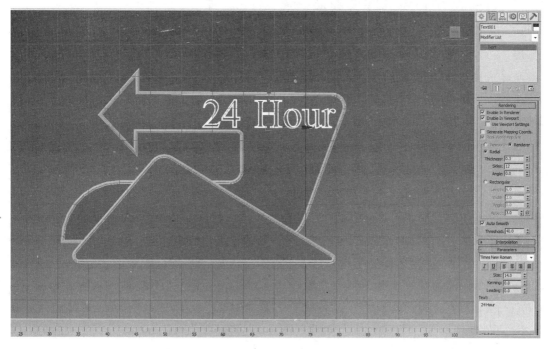

图 5-11　添加霓虹灯文字丰富场景中的艺术效果

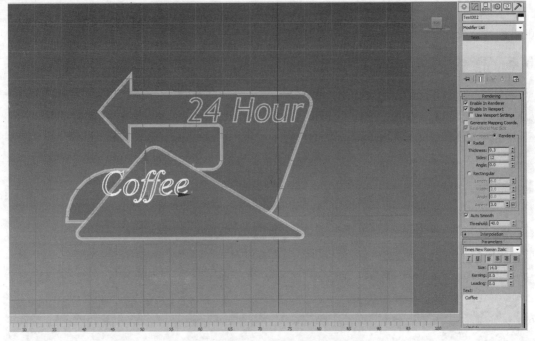

图 5-12　再次添加霓虹灯文字进一步丰富场景中的艺术效果

(9)　为场景创建灯光。在创建命令面板中单击按钮 ▢ 进入灯光创建选项卡，单击 Photometric(光子灯光)右侧的向下箭头，在下拉列表中选择 Standard(标准灯光)选项，将 Photometric(光子灯光)类型切换成 Standard(标准灯光)，如图 5-13 所示。

图 5-13　将灯光的类型从 Photometric(光子灯光)切换成 Standard(标准灯光)

(10) 在 Standard(标准灯光)的 Object Type(灯光类型)卷展栏下单击 mr Area Spot(mr 区域目标灯)按钮，在顶视图场景中建立一盏 mr Area Spot(mr 区域目标灯)作为主光源，在顶视图中调整灯光照射位置至霓虹灯模型的左前方，切换至前视图中，调整灯光的位置到霓虹灯模型的上方，如图 5-14 所示。

(11) 在场景中选择 mr Area Spot(mr 区域目标灯)选项，单击按钮 ▢ 进入设置命令面板的 Modify(修改)设置选项卡，在 General Parameters(通用参数)设置卷展栏下，勾选 Shadows(阴影)选项，将 Shadows(阴影)的类型设置为 Area Shadows(区域阴影)，在 Intensity/Color/Attenuation(强度/颜色/衰减)参数设置卷展栏下设置 Multiplier(灯光强度)的参数值为 1.2，如图 5-15 所示。

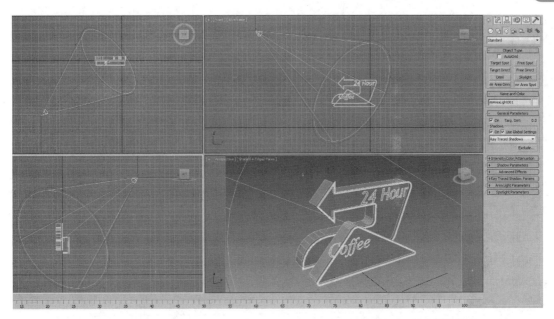

图 5-14　在顶视图场景中建立一盏 mr Area Spot(mr 区域目标灯)并调整其位置

(12) 在顶视图中再次创建一盏 mr Area Spot(mr 区域目标灯)作为霓虹灯场景的辅助光源，单击按钮 进入设置命令面板的 Modify(修改)设置选项卡，在 Intensity/Color/Attenuation(强度/颜色/衰减)参数设置卷展栏下调节 Multiplier(灯光强度)的参数值为 0.4，如图 5-16 所示。

图 5-15　在 mr Area Spot(mr 区域目标灯)的 General Parameters(通用参数)卷展栏下设置参数

(13) 为场景创建一部摄影机，在透视图上单击鼠标以激活视图，接着按 Ctrl + C 组合键，这样就将透视图转变成了摄影机视图，同时还在场景中创建了一部摄影机，如图 5-17 所示。

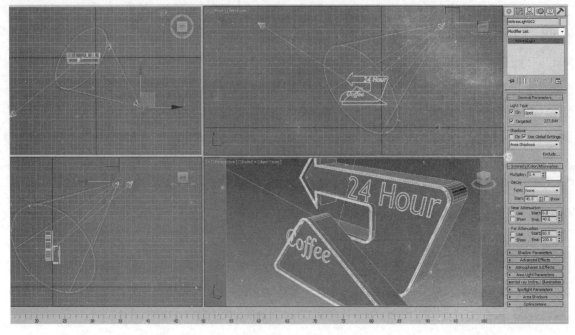

图 5-16 在顶视图中再次创建一盏 mr Area Spot(mr 区域目标灯)作为霓虹灯场景的辅助光源

(14) 为霓虹灯场景制作一个摄影机动画。单击 3ds Max 2016 软件下方动画设置模块中的 Auto Key(自动关键帧)按钮，将时间滑块拖曳至 100 帧的位置，选择移动工具切换至前视图中并向下拖动摄影机，拖动停止后关键帧就会自动创建出来，在进行下一步操作前再次单击 Auto Key(自动关键帧)按钮关闭动画的设置，如图 5-18 所示。

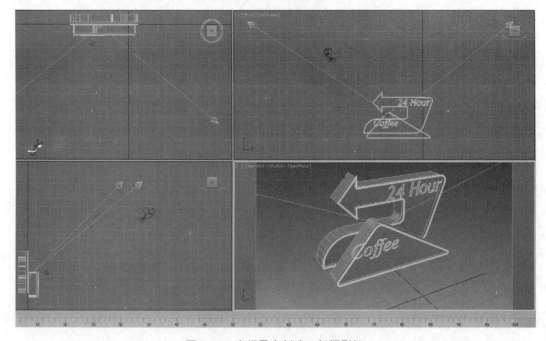

图 5-17 在场景中创建一部摄影机

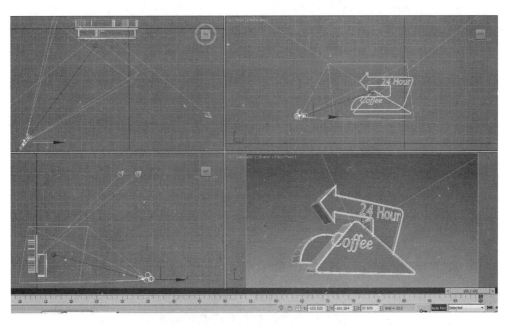

图 5-18　为霓虹灯场景制作一个摄影机 Auto Key(自动关键帧)动画

(15) 下面设置霓虹灯灯箱和文字的材质。单击工具栏上的 Material Editor(材质编辑器)按钮，打开 Material Editor(材质编辑器)对话框，在 Material Editor(材质编辑器)参数设置窗口中选择第一个材质球，将它赋予箭头形状的灯箱模型。单击 Standard(标准)按钮，在弹出的 Material/Map Browser(材质/贴图浏览器)对话框里选择 Architectural(建筑)材质选项，单击 OK 按钮，如图 5-19 所示。

(16) 进入 Architectural(建筑)材质的 Templates(模板)参数设置卷展栏，选择 Glass-Translucent(半透明玻璃)选项，如图 5-20 所示。

图 5-19　将 Standard(标准)材质替换为 Architectural(建筑)专用材质(1)

图 5-20　在 Templates(模板)参数设置卷展栏下选择 Glass-Translucent(半透明玻璃)选项

(17) 为了便于观察玻璃材质的效果，单击 Material Editor(材质编辑器)右侧的 Background(显示背景)按钮。因为要制作的是绿色的玻璃灯箱，因此在 Physical

Qualities(物理质量)参数的设置卷展栏下将 Diffuse Color(漫反射颜色)右侧的颜色块设置为绿色，将 Transparency(透明)的参数值设置为 90.0，如图 5-21 所示。

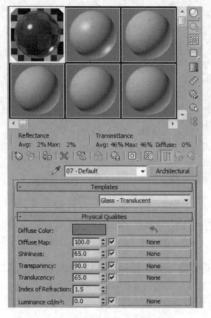

图 5-21　在 Physical Qualities(物理质量)参数的设置卷展栏下设置漫反射颜色和透明度(1)

(18) 在 Material Editor(材质编辑器)参数设置窗口中选择第二个材质球，将它赋予三角形状的灯箱模型，单击 Standard(标准)按钮，在弹出的 Material/Map Browser(材质/贴图浏览器)对话框里选择 Architectural(建筑)材质，单击 OK 按钮，如图 5-22 所示。

图 5-22　将 Standard(标准)材质替换为 Architectural(建筑)专用材质(2)

(19) 进入 Architectural(建筑)材质中的 Templates(模板)参数设置卷展栏，选择 Glass-Translucent(半透明玻璃)选项。为了便于观察玻璃材质的效果，单击 Material Editor(材质编辑器)右侧的 Background(显示背景)按钮■。因为要制作的是黄色的玻璃灯箱，因此在 Physical Qualities(物理质量)参数的设置卷展栏下将 Diffuse Color(漫反射颜色)右侧的颜色块设置为黄色，将 Transparency(透明)的参数值设置为 100.0，如图 5-23 所示。

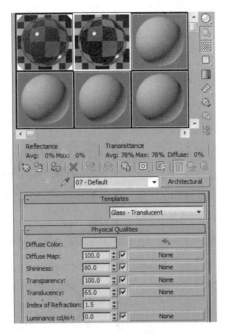

图 5-23　在 Physical Qualities(物理质量)参数的设置卷展栏下设置漫反射颜色和透明度(2)

(20) 单击菜单栏中的 Rendering(渲染)菜单，在弹出的下拉菜单中选择 Environment(环境)命令，在弹出的 Environment and Effects(环境和效果)对话框中，进入 Common Parameters(公用参数)卷展栏，在 Background(背景)项目栏下单击 Environment Map(环境贴图)下方的贴图通道 None 按钮，在弹出的 Material/Map Browser(材质/贴图浏览器)对话框中选择 Bitmap(位图)类型，单击 OK 按钮，再在弹出的 Select Bitmap Image File(选择图片文件)对话框中选择一张 HDR 类型图片，如图 5-24 所示。

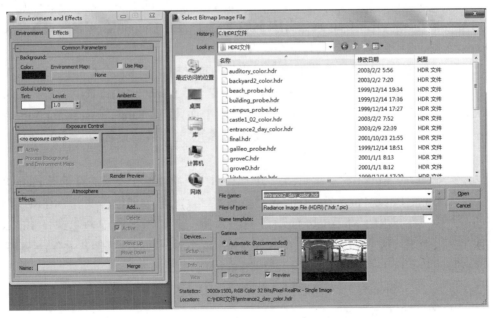

图 5-24　设置 Environment and Effects(环境和效果)参数

(21) 单击工具栏上的 Material Editor(材质编辑器)按钮 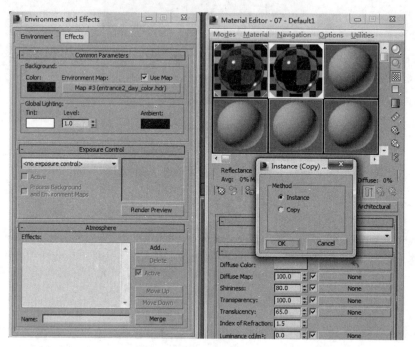，打开 Material Editor(材质编辑器)对话框，将刚刚选择的 Environment Map(环境贴图)下方的 HDR 类型图片拖曳到第三个材质球上，在弹出的 Instance (Copy)Map(实例/复制贴图)对话框中选择 Instance(实例)的复制方式，单击 OK 按钮，如图 5-25 所示。

图 5-25　将 Environment Map(环境贴图)下方贴图通道中的 HDR 贴图拖曳到第三个材质球上

(22) 进入 Coordinates(坐标)卷展栏，将 Mapping(贴图)的类型设置为 Screen(屏幕)方式，如图 5-26 所示。单击 Output(输出)左侧的 "+"，打开 Output(输出)参数设置卷展栏，将 Output Amount(输出/数量)的参数值设置为 1.8。

(23) 为了使场景更加真实，我们要创建夜景的背景板。在设置命令面板的创建选项卡中选择 Plane(平面)选项，在透视图中拖曳，创建出一个 Plane(平面)背景板模型，进入设置命令面板的 Modify(修改)设置选项卡，将 Plane(平面)模型 Parameters(参数)卷展栏下的 Length(长度)的参数值设置为 157.0，将 Width (宽度)的参数值设置为 273.0，如图 5-27 所示。

(24) 在 Material Editor(材质编辑器)中选择第四个材质球赋予夜景的背景板 Plane(平面)模型，进入 Blinn Basic Parameters(Blinn 类型基本参数)设置卷展栏，单击 Diffuse(漫反射)右侧的小方块，在弹出的 Material/Map Browser(材质/贴图浏览器)对话框里选择 Bitmap(位图贴图)选项，单击 OK 按钮，在弹出的 Select Bitmap Image File(选择图片文件)对话框中选择一张夜景图片，单击 Open(打开)按钮，如图 5-28 所示。

(25) 进入 Coordinates(坐标)卷展栏，取消勾选 Use Real-World Scale(使用真实世界比例)选项，如图 5-29 所示。

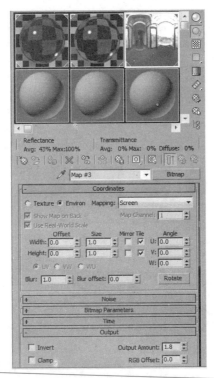

图 5-26　进入 Coordinates(坐标)卷展栏将 Mapping(贴图)的类型设置为 Screen(屏幕)方式

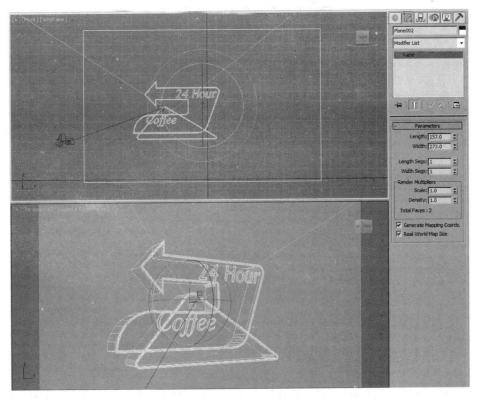

图 5-27　创建出一个 Plane(平面)背景板模型

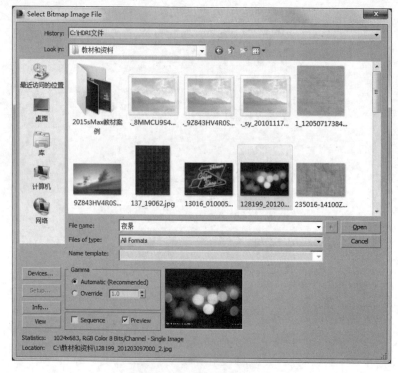

图 5-28　选择一张夜景图片

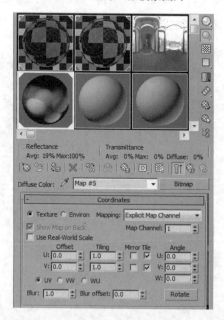

图 5-29　取消勾选 Use Real-World Scale(使用真实世界比例)选项

　　(26) 单击菜单栏中的 Rendering(渲染)菜单项，在弹出的下拉菜单中选择 Video Post(视频后期处理)命令，打开如图 5-30 所示的 Video Post(视频合成编辑器)窗口。

　　(27) 在 Video Post(视频合成编辑器)窗口中单击工具栏中的按钮，在弹出的 Add Scene Event(输入场景动画事件)对话框中将视图设置为 Camera001(摄影机 001)，具体参数设置如图 5-31 所示。

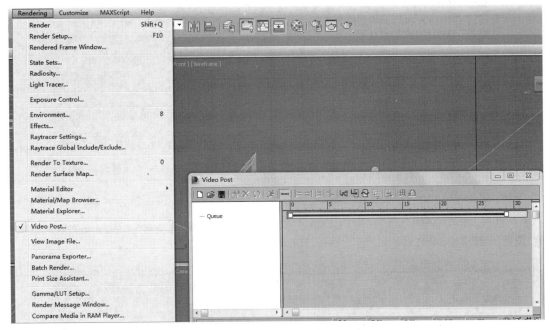

图 5-30　选择 Video Post(视频合成编辑器)命令

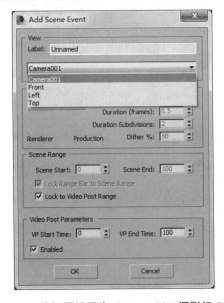

图 5-31　将视图设置为 Camera001(摄影机 001)

(28) 在 Add Scene Event(输入场景动画事件)对话框中单击 OK 按钮，将 Camera001(摄影机 001)的场景事件加入 Video Post(视频合成编辑器)窗口中，如图 5-32 所示。

(29) 在 Video Post(视频合成编辑器)窗口中单击工具栏中的按钮，弹出 Add Image Filter Event(增加图像过滤事件)对话框，如图 5-33 所示，从中选择 Lens Effects Glow(镜头效果光晕)滤镜，单击 OK 按钮。

3ds Max 2016 动画设计案例教程

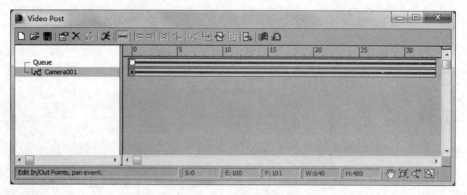

图 5-32　将 Camera001(摄影机 001)的场景事件加入 Video Post(视频合成编辑器)窗口中

(30) 切换到 Video Post(视频合成编辑器)窗口，在左侧项目栏中的 Lens Effects Glow(镜头效果光晕)滤镜上双击，在弹出的 Edit Filter Event(编辑过滤事件)对话框中单击 Setup(设置)按钮，如图 5-34 所示。

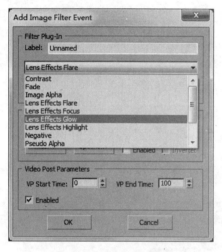

图 5-33　设置滤镜类型

图 5-34　Edit Filter Event(编辑过滤事件)对话框

(31) 选择场景中的两个文字模型，在模型上右击，在弹出的快捷菜单中选择 Object Properties(对象属性)命令，弹出 Object Properties(对象属性)对话框，将 G-Buffer(G 缓冲区)项目栏下的 Object ID(对象 ID)参数值设置为 1，如图 5-35 所示。

(32) 在打开的 Lens Effects Glow(镜头效果光晕)滤镜设置对话框中单击 VP Queue(VP 队列)按钮和 Preview(预览)按钮，可以实时地观察不同参数下滤镜呈现出的不同效果，方便后续的参数调整，勾选 Object ID(对象 ID)选项，如图 5-36 所示。

(33) 在预览窗口中可以观察到光晕发出的辉光遮挡了文字的显示。接下来将光晕的参数值调小，进入 Preferences(首选项)选项卡，在 Effect(效果)项目栏下，将 Size(尺寸)的参数值设置为 8.0，在 Color(颜色)项目栏下，将 Intensity(强度)的参数值设置为 20.0，如图 5-37所示。

0</

0

0

232

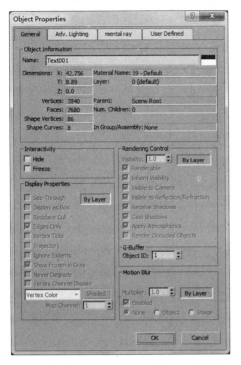

图 5-35　调整 Object ID(对象 ID)的参数

图 5-36　Lens Effects Glow 对话框

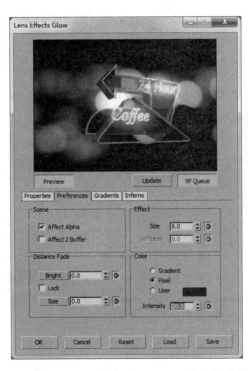

图 5-37　设置 Size(尺寸)和 Intensity(强度)的参数值

(34) 单击 OK 按钮，关闭 Lens Effects Glow(镜头效果光晕)滤镜的设置对话框，切换到

Video Post(视频合成编辑器)的设置对话框，单击工具栏中的 Execute Sequence(执行序列)按钮 ，打开 Execute Video Post(执行视频后期处理)参数设置对话框，将 Output Size(输出尺寸)的类型设置为 HDTV(video)类型，将 Width(宽度)的参数值设置为 1280，将 Height(高度)的参数值设置为 720，如图 5-38 所示。

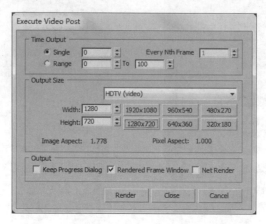

图 5-38　设置输出类型

(35) 单击 Render(渲染)按钮，查看夜景下霓虹灯的渲染效果，如图 5-39 所示。

图 5-39　夜景下迷幻霓虹灯的渲染效果

提示：　本案例为读者讲述了夜景下迷幻霓虹灯效果的制作方法与技巧，在视频合成
　　　　编辑器的设置对话框中添加多个动画事件时，一定要确认该新建动画事件的
　　　　层级属性，如果在选择当前事件的前提下单击 Add Scene Event(输入场景动
　　　　画事件)按钮就会将新创建的动画事件列入当前已选事件的子层级中。

本 章 小 结

本章我们为读者讲述了视频合成编辑器的功能和结构，介绍了视频合成工具栏中所有
工具按钮的功能。另外还详细讲述了创建与执行视频合成事件的方式，介绍了所有图像滤
镜的功能。最后通过一个小型案例实训，详细解析了夜景下迷幻霓虹灯模型的创建方法与
实现最终霓虹效果的视频合成编辑技巧。

习 　 题

简答题

1. 视频合成编辑器滤镜设置对话框中 VP Queue(VP 队列)按钮和 Preview(预览)按钮的
作用是什么？

2. 动画事件在视频合成序列中的顺序是否会对合成结果产生影响？

3. 在 Video Post 对话框中包含哪些视频合成特效？

4. 如何为动画场景中的对象指定特效通道？特效通道具有哪些功能？

第6章

电影级超写实 Mental Ray 渲染器

本章要点

- 3ds Max 2016 软件中渲染输出设置面板的打开方法与不同类别功能模块的参数设置技巧。
- 在渲染输出设置面板中指定不同渲染器类型的方法，掌握外挂 V-Ray 渲染器插件的安装方法与注意事项。

学习目标

- 掌握 3ds Max 2016 软件中 Mental Ray 渲染器景深效果与耀斑效果的添加与设置方法以及在材质设置面板中设置超写实金属材质的参数应用技巧。
- 掌握超写实金属子弹模型的多边形建模方法以及运用高级粒子流发射器制作子弹自由掉落效果的参数设置方法与技巧。

6.1 渲染输出设置

渲染输出是三维动画制作过程的最后一步，也是决定动画影片最终效果的重要环节。在 3ds Max 2016 中渲染输出的既可以是一幅静态图像，也可以是一部动画影片。

渲染输出一部动画影片，要耗费大量的时间，如果在渲染输出过程中发现动画的前期编辑有误，往往会造成工作任务的延误。所以在最后渲染输出之前，应当不断使用菜单命令 Animation→Make Preview(动画→制作预演)，以较低质量快速渲染动画影片的特定区段，通过生成的预演影片可以发现并改正动画前期编辑的错误。

选择 Rendering→Render 菜单命令，打开 Render Setup (渲染设置)对话框，在该对话框中可以指定场景渲染输出的参数设置项目，如图 6-1 所示。

在渲染场景对话框中包含以下参数设置选项卡。

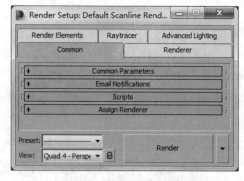

图 6-1 "渲染设置"对话框

- Common(通用参数)：包含所有渲染器的通用参数设置项目。
- Render Elements(渲染元素)：利用该选项卡可以分别渲染输出不同的场景元素，在后期制作过程中可以将这些文件重新合成在一起，该项目只有进行产品级渲染，并使用默认的扫描线渲染器时才出现。
  可以被分解渲染的场景元素包括过渡区色彩、阴影区色彩、高光区色彩、自发光效果、反射效果、折射效果、大气效果、背景图像、Z Depth 通道、Alpha 通道、Ink'n Paint 材质的 Ink 和 Paint 部分。
- Renderer(渲染器)：用于分别为产品级渲染输出、草稿级渲染输出、动态渲染指定渲染器。

- Raytracer(光线跟踪)和 Advanced Lighting(高级灯光)：这两个选项卡用于与高级灯光系统配合使用。

设置好渲染参数后，单击 Render(渲染)按钮开始依据参数设置进行渲染，弹出如图 6-2 所示的"渲染进程"对话框。单击 Pause(暂停)按钮后该按钮变为 Resume (继续)，单击 Resume 按钮可以继续进行渲染；单击 Cancel (取消)按钮中止渲染过程。

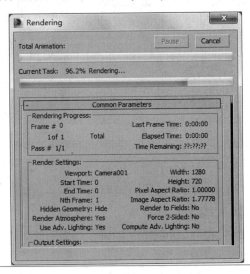

图 6-2　"渲染进程"对话框

如果未能查找到场景使用的贴图图像，弹出一个 Missing External Files(丢失贴图文件)对话框，如图 6-3 所示，在该对话框中可以浏览指定贴图图像的存储位置，或者在不使用该贴图图像的情况下继续渲染。

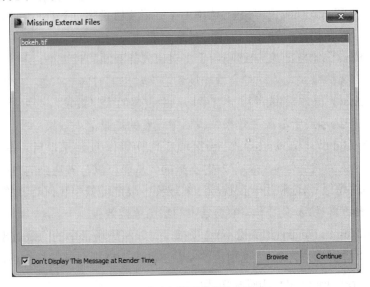

图 6-3　"丢失贴图文件"对话框

"渲染场景"对话框的通用参数卷展栏如图 6-4 所示。

1. Time Output(时间输出)项目

Single(单帧)选项用于将当前帧渲染为单幅图像；Active Time Segment(活动时间段)选项用于依据时间滑块指定的活动时间段渲染动画；Range(范围)选项用于依据指定的时间范围渲染动画；Frames(帧)选项用于依据指定的不连续帧号渲染动画。

2. Output Size(输出尺寸)项目

在列表中可以选择预定义的标准输出尺寸，如果选择 Custom (自定义)，用户可以自己设定输出尺寸。

Aperture Width(光圈宽度)选项用于指定渲染输出使用的摄影机光圈宽度，改变该设置会同时改变场景摄影机的 Lens(镜头)参数，该参数同时定义了 Lens 与 FOV(视场)参数之间的相对关系，但不会影响摄影机视图的观看效果。

Image Aspect(图像纵横比)参数用于设定图像高度与宽度之间的比例关系；Pixel Aspect(像素纵横比)参数用于设定像素高度与宽度之间的比例关系。

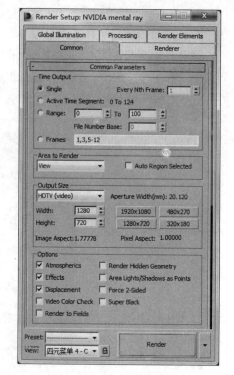

图 6-4　通用参数卷展栏

3. Options(选项)项目

Video Color Check(视频色彩检查)选项用于标记或修正超过 NTSC 或 PAL 视频再现范围的像素色彩，默认超出视频显示范围的像素色彩渲染为黑色。

Force 2-Sided(强制双面渲染)选项用于将对象内外双面同时渲染，利用该选项可以纠正对象表面法线方向的错误，但同时会增加场景渲染输出的时间。

Atmospherics(大气效果)选项用于渲染场景中设置的大气效果。

Effects(效果)选项用于渲染在效果编辑器中设置的场景渲染效果。

勾选 Area Lights/Shadows as Points(区域灯光/阴影作为点)选项后，在渲染区域灯光或阴影的过程中，认为它们是从点对象发射出来的，从而可以节省渲染的时间。

Super Black(超级黑)选项用于在视频压缩过程中限定场景中几何对象的黑色。

Displacement(置换)选项用于渲染场景中的贴图置换效果。

Render Hidden Geometry(渲染隐藏)选项指定可以渲染场景中的隐藏对象。

Render to Fields(渲染为场)选项指定渲染输出动画为电视视频的扫描场而不是帧。

4. Advanced Lighting(高级灯光)项目

勾选 Use Advanced Lighting(使用高级灯光)选项后，在渲染输出过程中使用 Radiosity

或 Light Tracing 高级灯光的设置；勾选 Compute Advanced Lighting When Required(在需要时计算高级灯光)选项后，在渲染输出过程中只有当逐帧渲染需要时，才计算 Radiosity 高级灯光的设置。

5. Render Output(渲染输出)项目

勾选 Save File(保存文件)选项将渲染输出的图像或动画保存为磁盘文件；单击 Files(文件)按钮，可以在弹出的"文件"对话框中选择存储的文件类型，并指定存储的文件名称。

勾选 Use Device(使用设备)选项可以指定渲染输出的视频硬件设备；单击 Devices(设备)按钮，可以选择一个输出图像文件的外部硬件设备，如数字视频存储器，且该设备必须已经安装到了当前的计算机中。

勾选 Net Render(网络渲染)选项可以使用多台计算机同时渲染一个动画，勾选该选项后，单击 Render 按钮弹出 Network Job Assignment(网络任务分配)对话框。

6.2 渲 染 器

在 Assign Renderer(指定渲染器) 卷展栏中单击按钮，弹出 Choose Renderer(选择渲染器)对话框，在其中可以选择已经安装的渲染器，如图 6-5 所示。

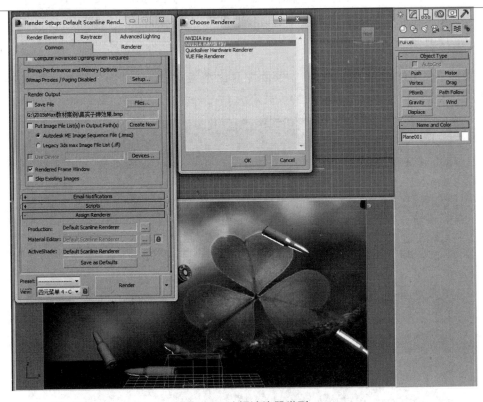

图 6-5 选择渲染器类型

默认在 3ds Max 2016 中包含 NVIDIA iray(英伟达 iray 渲染器)、NVIDIA mental ray (英

伟达 mental ray 渲染器)、Quicksilver Hardware Renderer(快速硬件渲染器)、VUE File Renderer(VUE 文件渲染器)、Default Scanline Renderer(默认扫描线渲染器)。当用户起初没有设置过渲染器类型时，系统会自动地将渲染器类型设置为 Default Scanline Renderer(默认扫描线渲染器)，因此该渲染器不会显示在当前的对话框中，基于当前选定的不同渲染器类型，在"渲染场景"对话框中包含不同的卷展栏。

NVIDIA iray(英伟达 iray 渲染器)是通过跟踪灯光路径来创建物理上精确的渲染，与其他渲染器相比，它几乎不需要进行设置。NVIDIA mental ray (英伟达 mental ray 渲染器)是来自 Mental Images 的 mental ray 渲染器，是一种高级渲染器，可以生成灯光效果的物理校正模拟，包括光线跟踪反射和折射、焦散和全局照明，渲染出画质出色逼真的图像。Quicksilver Hardware Renderer(快速硬件渲染器)的优点是渲染速度非常快，它是依靠同时使用 CPU(中央处理器)和图形处理器 (GPU) 来加速渲染，对计算机硬件的配置有较高的要求。VUE File Renderer(VUE 文件渲染器)使用一种可编辑的 ASCII 文件格式，在执行渲染过程中类似于脚本语言的作用方式。3ds Max 2016 的 VUE 文件中包含的渲染数据与在 DOS 下 3D Studio 渲染过程中产生的 VUE 文件数据相同(除变形对象数据外)。Default Scanline Renderer(默认扫描线渲染器)是最早使用的渲染器，渲染效果一般，但是对计算机硬件的配置需求不高。

除了上面提到的 3 种内置渲染器外，还可以在 3ds Max 2016 中安装和使用其他外挂渲染器，下面将以安装 V-Ray 渲染器为例，详细讲述如何使用外挂渲染器。

实例：安装 V-Ray 渲染器

(1) 双击 V-Ray 的安装程序开始安装 V-Ray 渲染器，首先弹出如图 6-6 所示的欢迎对话框，在欢迎对话框中阅读完注册协议后勾选 I Agree(我同意)选项。

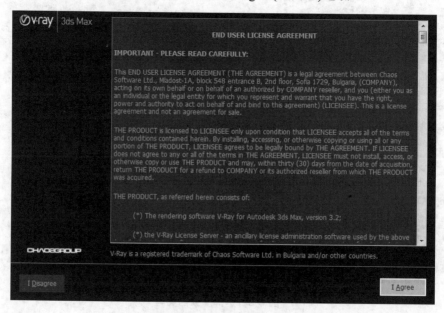

图 6-6　欢迎对话框

(2)　在 V-Ray 渲染器安装对话框中单击 Install Now(现在安装)按钮，如图 6-7 所示。

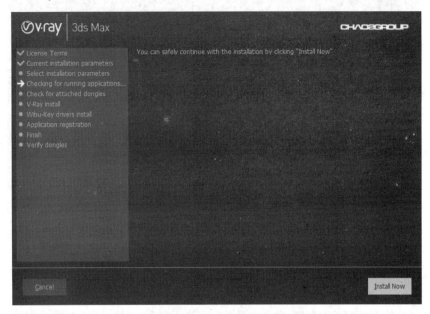

图 6-7　单击 Install Now(现在安装)按钮

(3)　V-Ray 渲染器开始自动安装至 3ds Max 软件的根目录中，如图 6-8 所示。

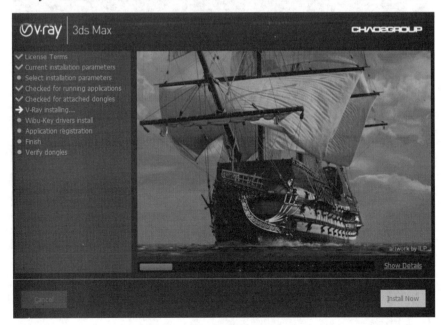

图 6-8　V-Ray 渲染器开始自动安装

(4)　如图 6-9 所示，V-Ray 渲染器自动安装完成后单击 Finish(完成)按钮。

(5)　单击 Finish(完成)按钮后，弹出如图 6-10 所示的破解安装对话框，因为我们要通过其他方式破解该软件，所以在对话框中单击 Skip(略过)按钮。

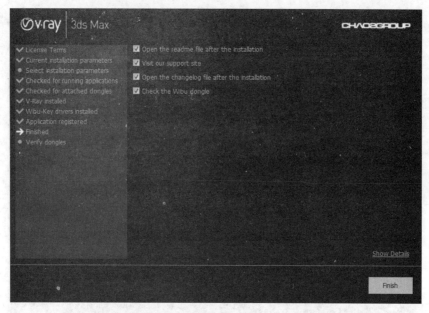

图 6-9　V-Ray 渲染器自动安装完成后单击 Finish(完成)按钮

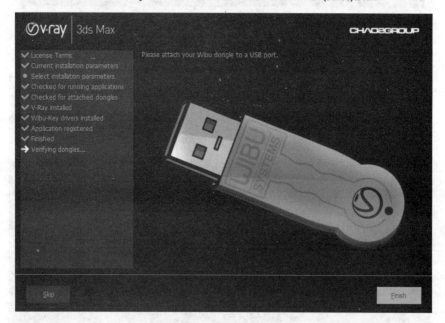

图 6-10　单击 Skip(略过)按钮

(6)　在删除程序对话框中卸载 Wibu Keys Drivers 后，复制破解替换文件夹中的所有文件，如图 6-11 所示。

(7)　在 3ds Max 根目录的文件夹中，右击选择粘贴，如图 6-12 所示。

(8)　在弹出的确认文件夹替换对话框中单击"是"按钮，如图 6-13 所示。

(9)　复制 cgauth.dll 文件到 C:\Program Files\Chaos Group\V-Ray\RT for 3ds Max 2016 for x64\bin 文件夹中，如图 6-14 所示。

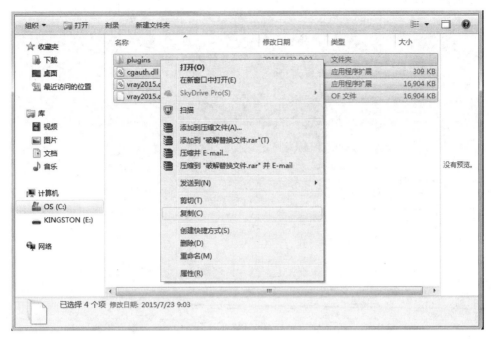

图 6-11　复制破解替换文件夹中的所有文件

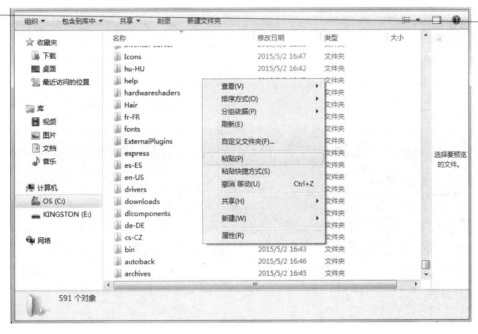

图 6-12　粘贴破解替换文件夹中的所有文件

目前 3ds Max 2016 软件中的 V-Ray 渲染器 3.20.02 版本主要用于建筑漫游动画、工业设计、电影特效制作、栏目包装等领域，如图 6-15～图 6-17 所示。

3ds Max 2016 动画设计案例教程

图 6-13　在弹出的确认文件夹替换对话框中单击"是"按钮

图 6-14　将 cgauth.dll 文件复制到指定的文件夹中

图 6-15　建筑漫游画面

图 6-16　苹果手机渲染图

图 6-17　室内设计效果图

6.3　小型案例实训：超写实机枪金属弹壳掉落效果制作

本案例将使用特殊的材质和贴图设置方法，配合渲染场景命令面板、场景和特效命令面板使用 Mental Ray 渲染器进行渲染输出，如图 6-18 和图 6-19 所示。

图 6-18　超写实子弹掉落的黑白照片效果

图 6-19　超写实子弹掉落的彩色照片效果

操作步骤如下。

(1) 打开 3ds Max 2016 软件，首先我们要将 3ds Max 2016 软件中自身默认的扫描线渲染器类型更改设置为 Mental Ray 渲染器类型，单击菜单栏中的 Rendering(渲染)命令，在下拉列表中选择 Render Setup(渲染设置)选项，打开 Render Setup(渲染设置)参数对话框，如图 6-20 所示。

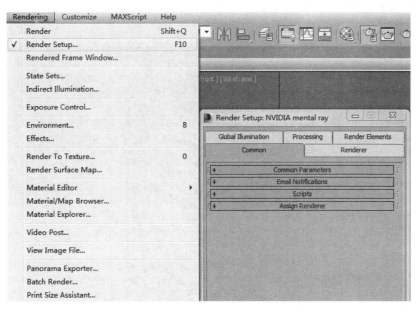

图 6-20　单击菜单栏中的 Rendering(渲染)命令在下拉列表中选择 Render Setup(渲染设置)选项

(2)　单击 Assign Renderer(指定渲染器)左侧的"+"，展开 Assign Renderer(指定渲染器)的设置卷展栏，单击 Production(产品级)右侧的小方块按钮，打开 Choose Renderer(选择渲染器)设置对话框，在其中选择 NVIDIA mental ray 渲染器，单击 OK 按钮，如图 6-21 所示。

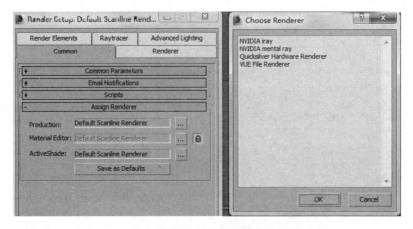

图 6-21　在 Assign Renderer(指定渲染器)的设置卷展栏下选择 NVIDIA mental ray 渲染器

(3)　单击 Common Parameters(公用参数)左侧的"+"，展开 Common Parameters(公用参数)的设置卷展栏，将 Output Size(输出尺寸)设置为 HDTV(video)类型，将 Width(宽度)的参数值设置为 1280，将 Height(高度)的参数值设置为 720，如图 6-22 所示。

(4)　我们先制作子弹的模型，单击按钮 进入创建命令面板中 Shapes(图形)Splines(样条线)的创建选项卡，单击 Line(线段)按钮，在前视图中绘制出子弹弹头和外壳的轮廓线，如图 6-23 所示。

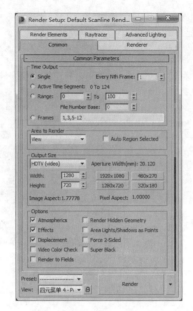

图 6-22 在 Common Parameters(公用参数)的设置卷展栏中设置输出尺寸的类型和参数值

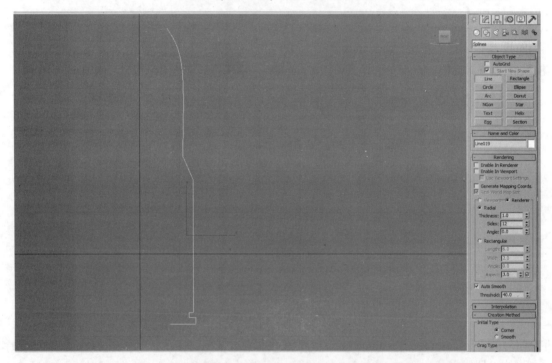

图 6-23 单击 Line(线段)按钮在前视图中绘制出子弹弹头和外壳的轮廓线

(5) 接下来为子弹弹头和外壳的轮廓线添加 Lathe(车削)修改器创建出子弹模型，将子弹模型转换为 Editable Poly(可编辑多边形)，添加 Shell(壳)修改器细化子弹模型的细节，如图 6-24 所示。

(6) 为子弹模型进行材质 ID 的划分以便于后面的材质调节，选择场景中的子弹模型，单击按钮 进入设置命令面板的 Modify(修改)设置选项卡，单击修改堆栈中 Editable

Poly(可编辑多边形)左侧的"+"，在子选项中单击选择 Element(元素)，单击选择子弹的弹壳，在 Polygon:Material IDs(多边形：材质 ID)参数设置卷展栏中将 ID 的参数值设置为 1，如图 6-25 所示。

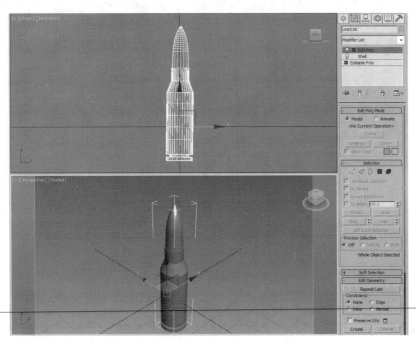

图 6-24　为子弹弹头和外壳的轮廓线添加 Lathe(车削)修改器创建出子弹模型

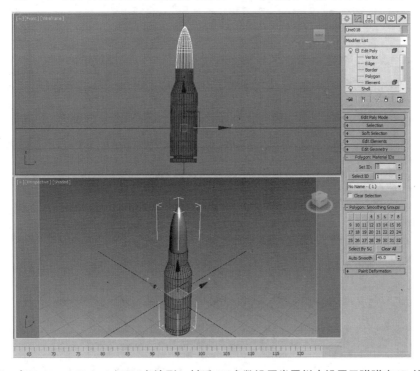

图 6-25　在 Polygon:Material IDs(多边形：材质 ID)参数设置卷展栏中设置子弹弹壳 ID 的参数值

(7) 单击选择子弹的底座,在 Polygon:Material IDs(多边形:材质 ID)参数设置卷展栏中将 ID 的参数值设置为 2,如图 6-26 所示。

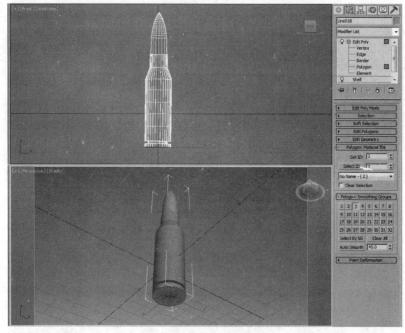

图 6-26　在 Polygon:Material IDs(多边形:材质 ID)参数设置卷展栏中设置子弹底座 ID 的参数值

(8) 单击选择子弹的弹头,在 Polygon:Material IDs(多边形:材质 ID)参数设置卷展栏中将 ID 的参数值设置为 3,如图 6-27 所示。

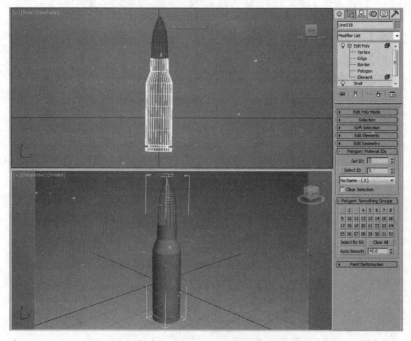

图 6-27　在 Polygon:Material IDs(多边形:材质 ID)参数设置卷展栏中设置子弹弹头 ID 的参数值

（9）设置玻璃杯的超写实玻璃材质。单击工具栏上的 Material Editor(材质编辑器)按钮 ，打开 Material Editor(材质编辑器)对话框，在 Material Editor(材质编辑器)参数设置对话框中单击选择第一个材质球，将它赋予子弹模型，单击 Standard(标准)按钮，在弹出的 Material/Map Browser(材质/贴图浏览器)对话框里选择 Multi/Sub-Object(多维/子对象)材质类型，单击 OK 按钮，如图 6-28 所示。

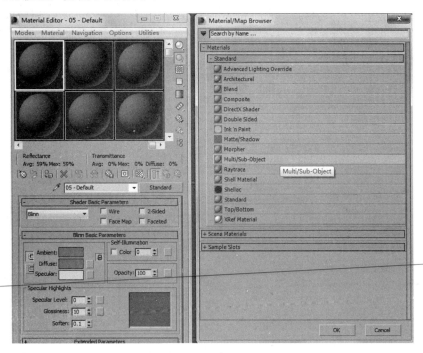

图 6-28　将 Standard(标准)切换为 Multi/Sub-Object(多维/子对象)材质

（10）在 Multi/Sub-Object Basic Parameters(多维/子对象基本参数)设置卷展栏中单击 Set Number(设置数量)按钮，在弹出的 Set Number of Materials(设置材质数量)对话框中将 Number of Materials(材质数量)的参数值设置为 3，如图 6-29 所示。

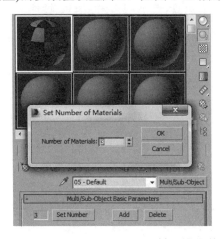

图 6-29　设置 Number of Materials(材质数量)的参数值

(11) 单击第一个材质贴图通道设置弹壳的材质，在 Shader Basic Parameters(明暗器基本参数)卷展栏下选择 Multi-Layer(多层)类型，进入 Multi-Layer Basic Parameters(多层基本参数)卷展栏，将 Ambient(环境光)与 Diffuse(漫反射)右侧颜色块中的颜色设置为金黄色，将 Diffuse Level(漫反射级别)的参数值设置为 100。在 First Specular Layer(第一层高光反射层)项目栏下，将 Level 的参数值设置为 300，将 Glossiness 的参数值设置为 44，将 Anisotropy 的参数值设置为 96。在 Second Specular Layer(第二层高光反射层)项目栏下，将 Level 的参数值设置为 96，将 Glossiness 的参数值设置为 41，将 Anisotropy 的参数值设置为 49，如图 6-30 所示。

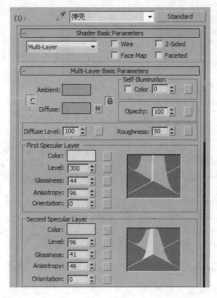

图 6-30　在 Multi-Layer Basic Parameters(多层基本参数)卷展栏中设置参数

(12) 单击 Maps(贴图)卷展栏左侧的"+"，进入 Maps(贴图)卷展栏，单击 Diffuse Color(漫反射颜色)贴图通道右侧的 None 按钮，在弹出的 Material/Map Browser(材质/贴图浏览器)对话框里选择 Falloff(衰减)材质类型，单击 OK 按钮，如图 6-31 所示。

图 6-31　在 Diffuse Color(漫反射颜色)贴图通道中添加 Falloff(衰减)材质

(13) 进入 Falloff Parameters(衰减参数)的设置卷展栏中，将第一个颜色块与第二个颜色块中的颜色设置为深褐色，如图 6-32 所示。

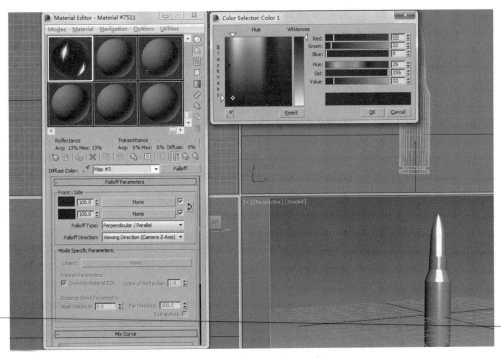

图 6-32　将 Falloff Parameters(衰减参数)的设置卷展栏中第一个颜色块
与第二个颜色块中的颜色设

置为深褐色

(14) 单击返回上一层级按钮 一次，回到 Maps(贴图)卷展栏下，单击 Bump(凹凸)贴图通道右侧的 None 按钮，在弹出的 Material/Map Browser(材质 / 贴图浏览器)对话框里选择 Noise(噪波)材质类型，单击 OK 按钮，如图 6-33 所示。

(15) 在 Bump(凹凸)贴图通道中的 Noise Parameters(噪波参数)设置卷展栏下，将 Size(尺寸)的参数值设置为 0.05，如图 6-34 所示。

(16) 单击返回上一层级按钮 一次，回到 Maps(贴图)卷展栏下，单击 Reflection(反射)贴图通道右侧的 None 按钮，在弹出的 Material/Map Browser(材质/贴图浏览器)对话框里选择 Falloff(衰减)材质类型，单击 OK 按钮，如图 6-35 所示。

(17) 进入 Falloff Parameters(衰减参数)的设

图 6-33　在 Bump(凹凸)贴图通道中
添加 Noise(噪波)材质

置卷展栏中，单击第二个颜色块右侧的贴图通道 None 按钮，在弹出的 Material/Map Browser(材质/贴图浏览器)对话框里选择 Ray trace(光线追踪)材质类型，单击 OK 按钮，弹壳的金属材质设置完毕，如图 6-36 所示。

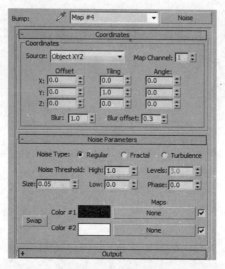

图 6-34 在 Noise Parameters(噪波参数)的设置卷展栏下设置 Size(尺寸)的参数值

图 6-35 在 Reflection(反射)贴图通道中添加 Falloff(衰减)材质

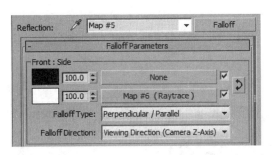

图 6-36 在 Falloff Parameters(衰减参数)卷展栏中为贴图通道添加 Raytrace(光线追踪)材质

(18) 单击返回上一层级按钮 三次,回到 Multi/Sub-Object Basic Parameters(多维/子对象基本参数)设置卷展栏下,单击进入第二个材质贴图通道设置子弹底座的材质,在 Blinn Basic Parameters(Blinn 基本参数)卷展栏中的 Specular Highlights(反射高光)项目栏下,将 Specular Level(高光级别)的参数值设置为 45,将 Glossiness(光泽度)的参数值设置为 36,如图 6-37 所示。

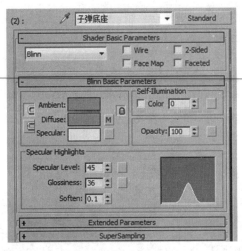

图 6-37 在 Blinn Basic Parameters(Blinn 基本参数)卷展栏中设置
Specular Highlights(反射高光)的相关参数

(19) 单击 Maps(贴图)卷展栏左侧的 "+",进入 Maps(贴图)卷展栏,单击 Diffuse Color(漫反射颜色)贴图通道右侧的 None 按钮,在弹出的 Material/Map Browser(材质/贴图浏览器)对话框里选择 Bitmap(位图)材质类型,单击 OK 按钮,在弹出的 Select Bitmap Image File(选择图片文件)对话框中选择子弹底座照片,单击 Open(打开)按钮,如图 6-38 所示。

(20) 进入 Diffuse Color(漫反射颜色)贴图通道中的 Bitmap Parameters(位图参数)设置卷展栏中,勾选 Cropping/Placement(裁剪/放置)项目栏下的 Apply(应用)选项,单击 View Image(查看图像)按钮,将红色的裁剪框对齐到子弹底座上,如图 6-39 所示。

(21) 单击返回上一层级按钮 一次,回到 Maps(贴图)卷展栏下,将 Diffuse Color(漫反射颜色)贴图通道中的子弹底座材质拖曳到 Bump(凹凸)右侧的贴图通道上,在弹出的

3ds Max 2016 动画设计案例教程

Copy(Instance)Map(复制/实例贴图)对话框中选择 Instance(实例)的复制方式，单击 OK 按钮。为了使底座更加逼真和立体，将 Bump(凹凸)贴图通道的 Amount(数量)参数值设置为100，如图 6-40 所示。

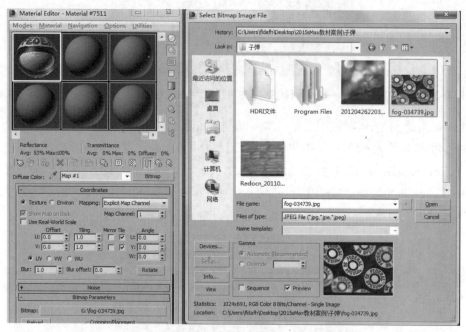

图 6-38　为 Diffuse Color(漫反射颜色)贴图通道添加子弹底座的 Bitmap(位图)材质

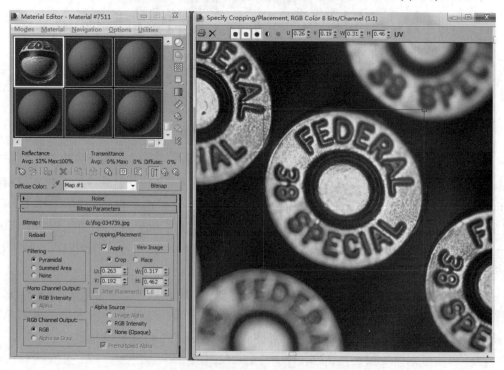

图 6-39　单击 View Image(查看图像)按钮将红色的裁剪框对齐到子弹底座上

(22) 单击 Reflection(反射)贴图通道右侧的 None 按钮,在弹出的 Material/Map Browser(材质/贴图浏览器)对话框里选择 Falloff(衰减)材质类型,单击 OK 按钮,如图 6-41 所示。

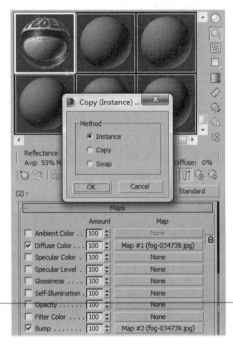

图 6-40 将 Diffuse Color(漫反射颜色)贴图通道中的子弹底座材质拖曳到 Bump(凹凸)的贴图通道上

(23) 进入 Falloff Parameters(衰减参数)设置卷展栏,将第一个颜色块中的颜色设置为纯黑色,将 Falloff Type(衰减类型)设置为 Shadow/Light(阴影/灯光)类型,单击第一个颜色块右侧的贴图通道 None 按钮,在弹出的 Material/Map Browser(材质/贴图浏览器)对话框里选择 Falloff(衰减)材质类型,单击 OK 按钮,如图 6-42 所示。

(24) 进入 Falloff Parameters(衰减参数)设置卷展栏,将第一个颜色块设置为纯黑色,将第二个颜色块设置为灰蓝色,如图 6-43 所示。

(25) 单击返回上一层级按钮 三次,回到 Multi/Sub-Object Basic Parameters(多维/子对象基本参数)设置卷展栏下,单击进入第三个材质贴图通道设置子弹弹头的材质,在 Shader Basic Parameters(明暗器基本参数)卷展栏下选择 Multi-Layer(多层)类型,进入 Multi-Layer Basic Parameters(多层基本参数)卷展栏,将 Ambient(环境光)与 Diffuse(漫反射)右侧颜色块中的颜色设置为银灰色,将 Diffuse Level(漫反射级别)的参数值设置为 100。在 First Specular Layer(第一层高光反射层)项目栏下,将 Level 的参数值设置为 300,将 Glossiness 的参数值设置为 36,将 Anisotropy 的参数值设置为 100。在 Second Specular Layer(第二层高光反射层)项目栏下,将 Level 的参数值设置为 95,将 Glossiness 的参数值设置为 41,将 Anisotropy 的参数值设置为 49,如图 6-44 所示。

图 6-41　在 Reflection(反射)贴图通道中添加 Falloff(衰减)材质

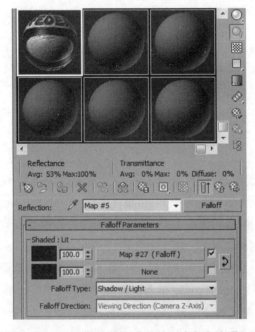

图 6-42　为 Falloff Parameters(衰减参数)中的第一个颜色块添加 Falloff(衰减)材质

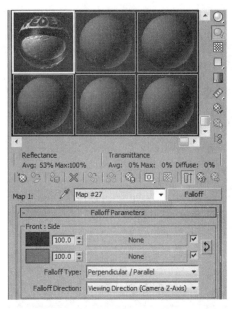

图 6-43　设置 Falloff Parameters(衰减参数)设置卷展栏中两个颜色块的颜色

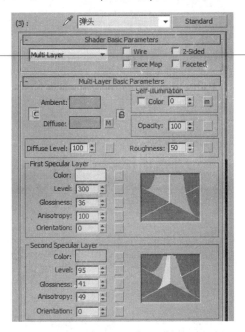

图 6-44　在 Multi-Layer Basic Parameters(多层基本参数)卷展栏中设置参数

(26) 单击 Maps(贴图)卷展栏左侧的"+"，进入 Maps(贴图)卷展栏，单击 Diffuse Color(漫反射颜色)贴图通道右侧的 None 按钮，在弹出的 Material/Map Browser(材质/贴图浏览器)对话框里选择 Falloff(衰减)材质类型，单击 OK 按钮，如图 6-45 所示。

(27) 进入 Falloff Parameters(衰减参数)的设置卷展栏中，将第一个颜色块中的颜色设置为深灰色，将第二个颜色块中的颜色设置为蓝灰色，如图 6-46 所示。

3ds Max 2016 动画设计案例教程

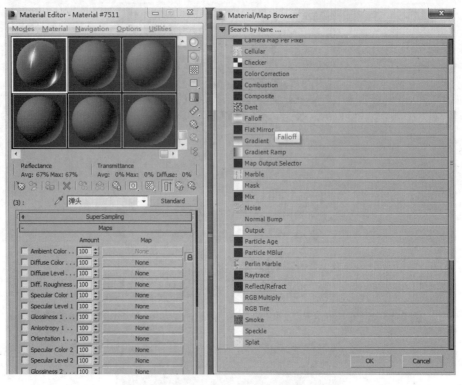

图 6-45　在 Diffuse Color(漫反射颜色)贴图通道中添加 Falloff(衰减)材质

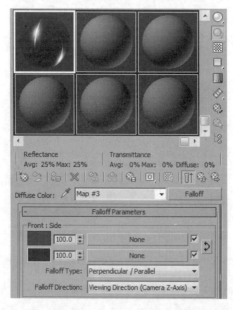

图 6-46　在 Falloff Parameters(衰减参数)的设置卷展栏中分别设置两个颜色块中的颜色

(28) 单击返回上一层级按钮 一次，回到 Maps(贴图)卷展栏下，单击 Bump(凹凸)
贴图通道右侧的 None 按钮，在弹出的 Material/Map Browser(材质/贴图浏览器)对话框里选
择 Noise(噪波)材质类型，单击 OK 按钮，如图 6-47 所示。

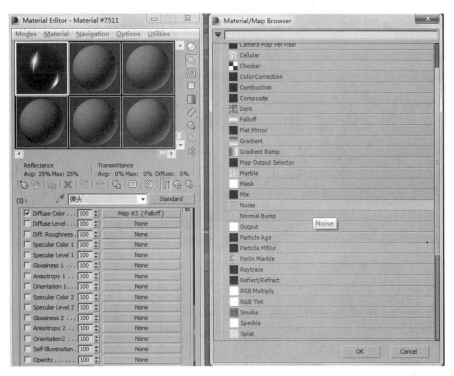

图 6-47　在 Bump(凹凸)贴图通道中添加 Noise(噪波)材质

(29) 进入 Bump(凹凸)贴图通道中的 Noise Parameters(噪波参数)设置卷展栏下，将 Size(尺寸)的参数设置为 0.05，如图 6-48 所示。

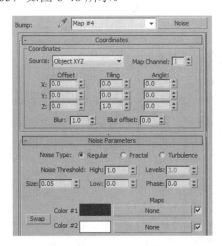

图 6-48　在 Noise Parameters(噪波参数)的设置卷展栏下设置 Size(尺寸)的参数值

(30) 单击返回上一层级按钮 ![btn] 一次，回到 Maps(贴图)卷展栏下，单击 Reflection(反射)贴图通道右侧的 None 按钮，在弹出的 Material/Map Browser(材质/贴图浏览器)对话框里选择 Falloff(衰减)材质类型，单击 OK 按钮，如图 6-49 所示。

(31) 进入 Falloff Parameters(衰减参数)的设置卷展栏中，单击第二个颜色块右侧的贴图通道 None 按钮，在弹出的 Material/Map Browser(材质/贴图浏览器)对话框里选择

Raytrace(光线追踪)材质类型，单击 OK 按钮，子弹弹头银色金属的材质设置完毕，如图 6-50 所示。

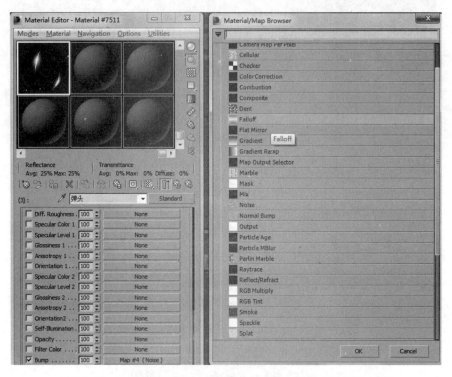

图 6-49　在 Reflection(反射)贴图通道中添加 Falloff(衰减)材质

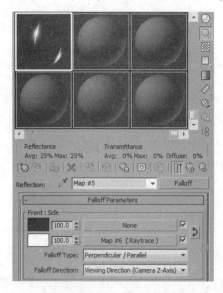

图 6-50　在 Falloff Parameters(衰减参数)卷展栏中为贴图通道添加 Raytrace(光线追踪)材质

　　(32) 在设置命令面板的创建选项卡中单击选择 Plane(平面)按钮创建地面模型，在透视图中拖曳创建出一个 Plane(平面)模型，如图 6-51 所示。

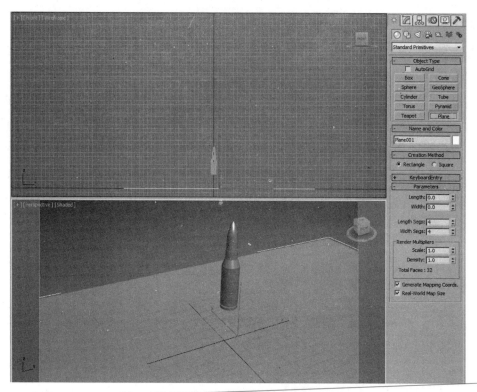

图 6-51　单击选择 Plane(平面)按钮在透视图中拖曳创建出一个 Plane(平面)地面模型

(33) 设置逼真的地面材质。单击工具栏上的 Slate Material Editor(Slate 材质编辑器)按钮 ，打开 Slate Material Editor(Slate 材质编辑器)对话框，在左侧 mental ray 的卷展栏列表中将 Arch & Design 材质拖曳至节点编辑区，双击 Arch & Design 节点，在右侧打开的属性面板中将该材质的名称命名为"地面"，如图 6-52 所示。

(34) 在 Slate Material Editor(Slate 材质编辑器)左侧的 Maps(贴图)设置卷展栏下将 Substance 程序纹理节点拖曳至节点编辑区(Substance 程序纹理材质是 3ds Max 软件中一种非常强大的 2D 程序贴图库，专门用于制作现实生活中常见的各种逼真的纹理效果，使用起来非常方便高效)，如图 6-53 所示。

(35) 双击 Substance 程序纹理节点，打开右侧的属性参数列表，在 Substance Package Browser(Substance 程序包浏览器)参数设置卷展栏中单击 Load Substance(加载 Substance 文件)按钮，如图 6-54 所示。

(36) 在打开的 Browse for Substances(查找 Substances) 对话框中选择 Varnished_Wood.sbsar 文件，如图 6-55 所示。

(37) 将 Substance 程序纹理节点中的 Diffuse(漫反射)贴图通道连接到 Arch & Design 材质节点中的 Diffuse Color Map(漫反射颜色贴图)通道完成纹理的指定，当连接成功后弹出此通道的属性设置节点，如图 6-56 所示。

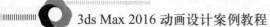

3ds Max 2016 动画设计案例教程

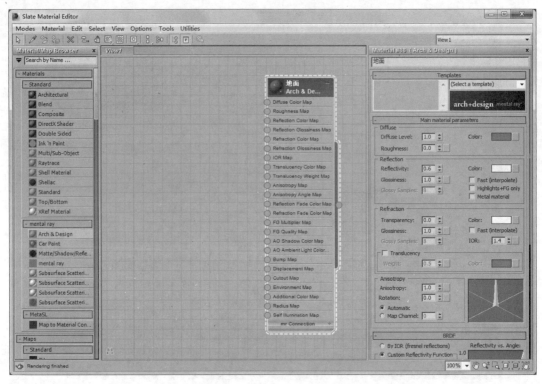

图 6-52　在左侧 mental ray 的卷展栏列表中将 Arch & Design 材质拖曳至节点编辑区

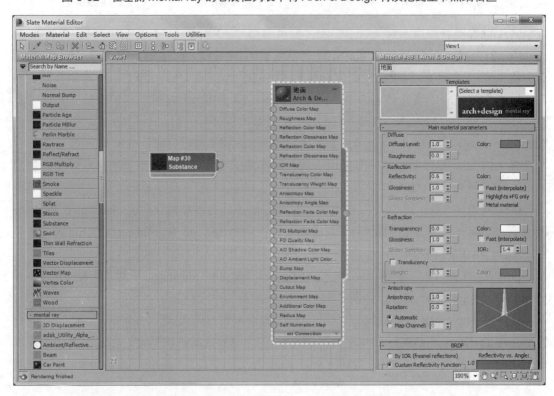

图 6-53　在 Maps(贴图)卷展栏下将 Substance 程序纹理节点拖曳至节点编辑区

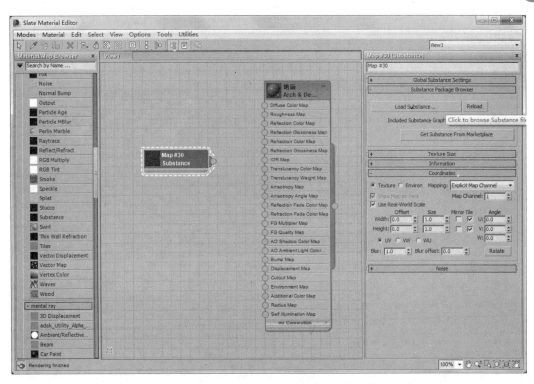

图 6-54　在 Substance Package Browser(Substance 程序包浏览器)卷展栏中加载 Substance 文件

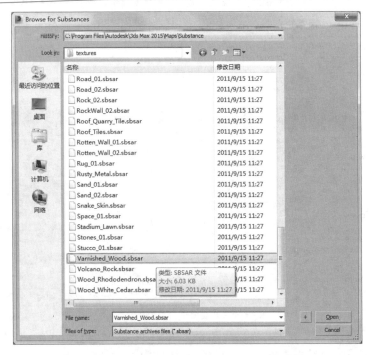

图 6-55　在打开的 Browse for Substances(查找 Substances)对话框中选择 Varnished_Wood.sbsar 文件

(38) 将 Substance 程序纹理节点中的 Specular(高光)贴图通道连接到 Arch & Design 材质节点中的 Reflection Glossiness Map(反射光泽度贴图)通道完成纹理的指定，当连接成功

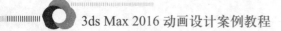

后弹出此通道的属性设置节点，如图6-57所示。

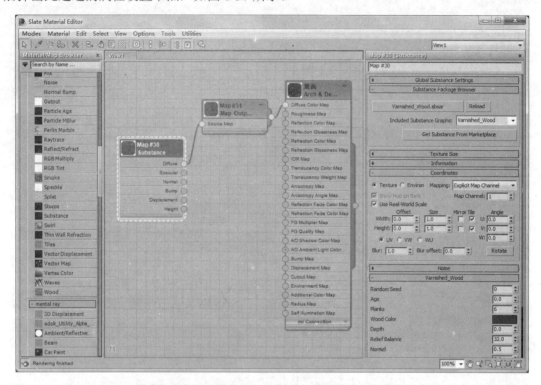

图6-56 将Substance程序纹理节点中的Diffuse(漫反射)贴图通道连接到Arch & Design材质节点中

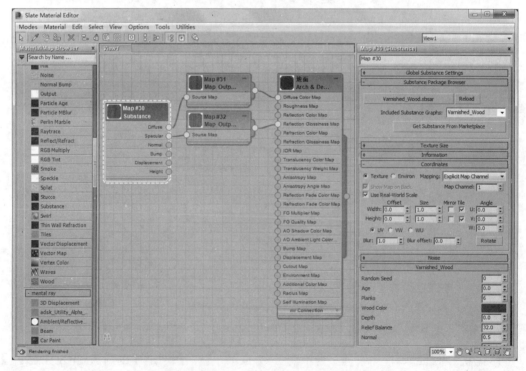

图6-57 将Substance程序纹理节点中的Specular(高光)贴图通道连接到Arch & Design材质节点中

(39) 在 Slate Material Editor(Slate 材质编辑器)左侧的 Maps(贴图)设置卷展栏下将 Normal Bump(法线凹凸)的纹理节点拖曳至节点编辑区，将 Substance 程序纹理节点中的 Normal(法线)贴图通道连接到刚刚拖曳出来的 Normal Bump(法线凹凸)纹理节点中的 Normal(法线)贴图通道上，同时将 Normal Bump(法线凹凸)纹理节点连接到 Arch & Design 材质节点中的 Bump Map(凹凸贴图)通道上，如图 6-58 所示。

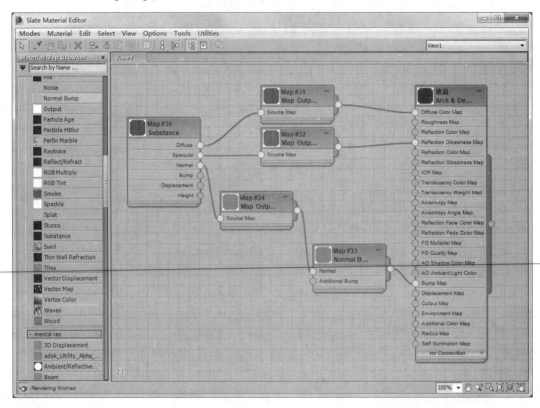

图 6-58　将 Normal Bump(法线凹凸)纹理节点连接到 Arch & Design 材质节点中

(40) 将 Substance 程序纹理节点中的 Height(高度)贴图通道连接到 Arch & Design 材质节点中的 Displacement Map(置换贴图)通道上完成纹理的指定，当连接成功后弹出此通道的属性设置节点，地面材质设置完毕，如图 6-59 所示。

(41) 单击菜单栏中的 Rendering(渲染)命令，在下拉列表中选择 Environment(环境)选项，在弹出的 Environment and Effects(环境和效果)设置对话框中，进入 Common Parameters(公用参数)卷展栏，在 Background(背景)项目栏下单击 Environment Map(环境贴图)下方的贴图通道 None 按钮，在弹出的 Material/Map Browser(材质/贴图浏览器)对话框中选择 Bitmap(位图)类型，选择一张室外环境的 HDR 贴图，如图 6-60 所示。

(42) 单击工具栏上的按钮 ，打开 Material Editor(材质编辑器)对话框，将刚才添加到 Environment and Effects(环境和效果)贴图通道中的 HDR 贴图拖曳到第二个材质球上，在弹出的 Instance(Copy)Map(实例/复制贴图)窗口中选择 Instance(实例)的复制方式，单击 OK 按钮，如图 6-61 所示。

3ds Max 2016 动画设计案例教程

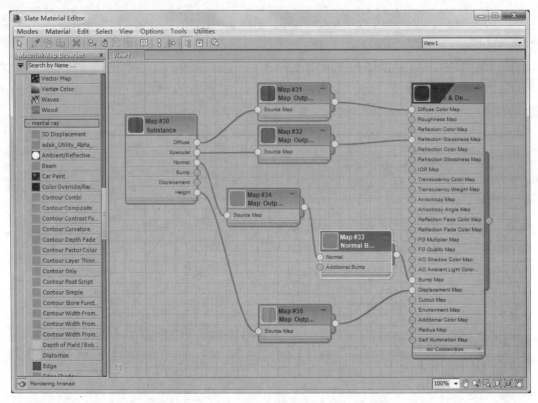

图 6-59　将 Substance 程序纹理节点中的 Height(高度)贴图通道连接到 Arch & Design 材质节点中

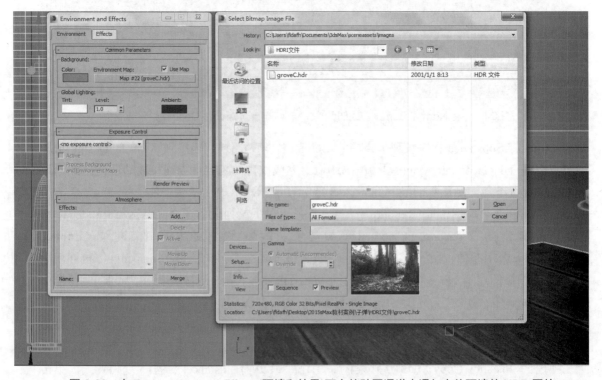

图 6-60　在 Environment and Effects(环境和效果)下方的贴图通道中添加室外环境的 HDR 图片

(43) 进入 Coordinates(坐标)卷展栏，将 Mapping(贴图)的类型设置为 Spherical Environment(球形环境)，单击 Output(输出)左侧的"+"，打开 Output(输出)参数设置卷展栏，将 Output Amount(输出数量)的参数值设置为 2.0，如图 6-62 所示。

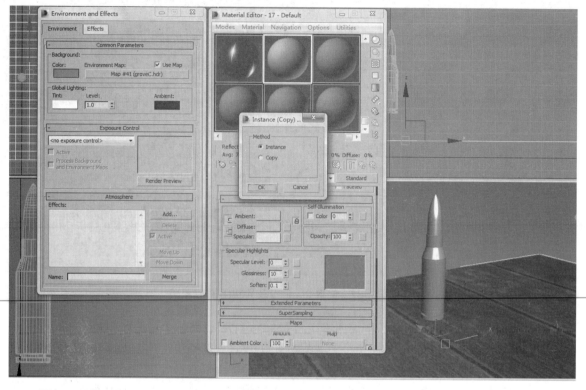

图 6-61　将 Environment and Effects(环境和效果)通道中的 HDR 贴图拖曳到第二个材质球上

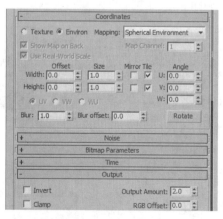

图 6-62　将 Mapping(贴图)类型设置为 Spherical Environment(球形环境)并设置其参数

(44) 为了使场景更加真实，我们创建背景板。在设置命令面板的创建选项卡中单击选择 Plane(平面)按钮，在透视图中拖曳创建出一个 Plane(平面)模型，进入设置命令面板的 Modify(修改)设置选项卡，将 Plane(平面)模型 Parameters(参数)卷展栏下的 Length(长度)的参数设置为 197.309，将 Width (宽度)的参数设置为 500.0，如图 6-63 所示。

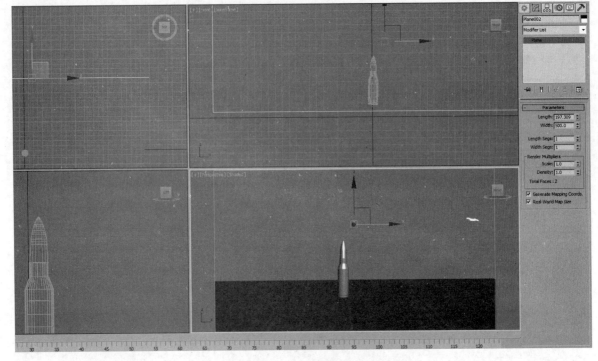

图 6-63　创建 Plane(平面)模型用作背景板

(45) 在 Material Editor(材质编辑器)中选择第三个材质球赋予背景板 Plane(平面)模型，进入 Blinn Basic Parameters(Blinn 类型基本参数)设置卷展栏下，单击 Diffuse(漫反射)右侧的小方块，在弹出的 Material/Map Browser(材质/贴图浏览器)对话框里选择 Bitmap(位图贴图)材质类型，在弹出的 Select Bitmap Image File(选择图片文件)对话框中选择一张野外图片，单击 Open(打开)按钮，如图 6-64 所示。

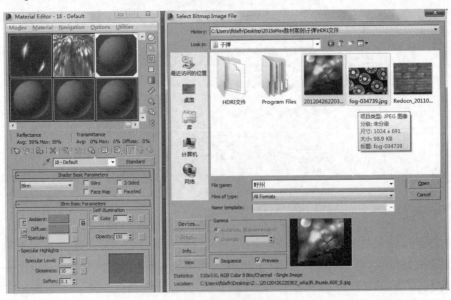

图 6-64　在 Select Bitmap Image File(选择图片文件)对话框中选择一张野外图片

(46) 在透视图上单击鼠标以激活视图，接着按 Ctrl + C 组合键，这样就将透视图转变成了摄影机视图，同时还在场景中创建了一部摄影机，如图 6-65 所示。

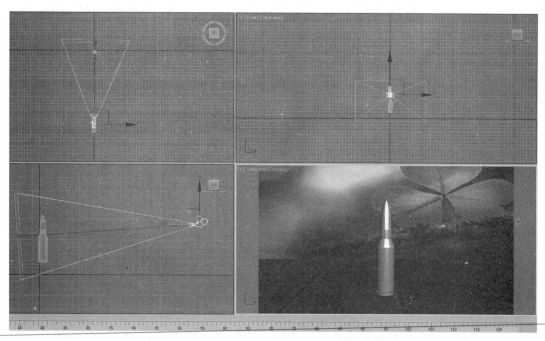

图 6-65　按 Ctrl + C 组合键在场景中创建一部摄影机

(47) 单击工具栏中的渲染按钮，查看测试渲染效果，如图 6-66 所示。

图 6-66　查看测试渲染效果

(48) 用粒子流系统中的动力学工具制作超写实子弹掉落的动画效果。进入设置命令面板的创建面板，在 Geometry(几何体)创建选项卡中单击 Standard Primitives(标准几何体)右侧向下的小箭头，在滑出的下拉列表中选择 Particle Systems(粒子系统)，在 Particle Systems(粒子系统)的 Object Type(对象类型)卷展栏下，单击选择 PF Source(粒子流源)按钮，在前视图中拖曳创建出一个 PF Source(粒子流源)发射器，如图 6-67 所示。

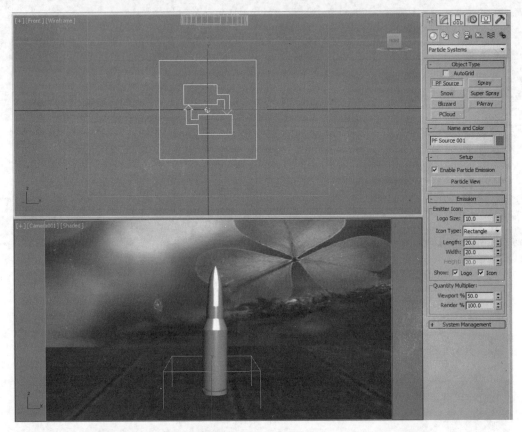

图 6-67　在前视图中拖曳创建出一个 PF Source(粒子流源)发射器

(49) 在前视图中选择 PF Source(粒子流源)发射器，进入设置命令面板的 Modify(修改)设置选项卡，在 Setup(设置)卷展栏下，单击 Particle View(粒子视图)按钮，打开 PF Source(粒子流源)发射器的 Particle View(粒子视图)参数设置对话框，在 Particle View(粒子视图)下方的命令组中单击选择 mParticles Flow(动力学粒子流)命令，将 mParticles Flow(动力学粒子流)命令拖曳至节点编辑区，如图 6-68 所示。

(50) 在 Particle View(粒子视图)下方的命令组中单击选择 Shape Instance(图形实例)命令，将 Shape Instance(图形实例)命令拖曳至 Event 001(事件 001)节点中，如图 6-69 所示。

(51) 单击 Event 001(事件 001)节点中 Shape Instance 001(图形实例 001)命令，在 Particle View(粒子视图)右侧打开 Shape Instance 001(图形实例 001)的参数设置卷展栏，单击 Particle Geometry Object(粒子几何体对象)项目栏下方的 None 按钮，拾取场景中的子弹模型，如图 6-70 所示。

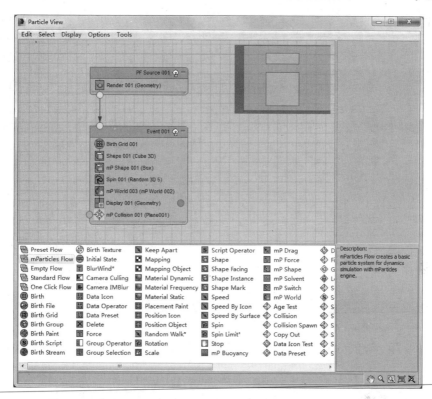

图 6-68　将 mParticles Flow(动力学粒子流)命令拖曳至节点编辑区

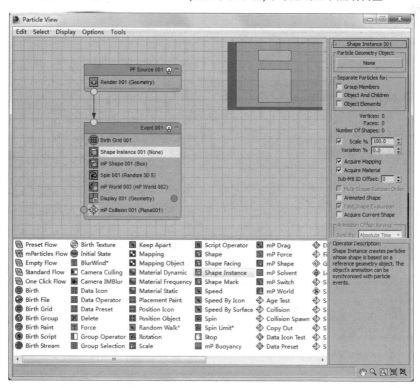

图 6-69　将 Shape Instance(图形实例)命令拖曳至 Event 001(事件 001)节点中

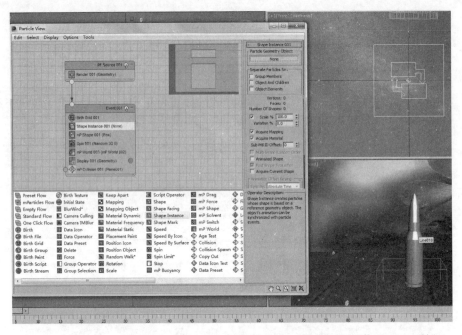

图 6-70　单击 Particle Geometry Object(粒子几何体对象)项目栏下方的 None 按钮

(52) 单击 Event 001(事件 001)节点中 Birth Grid 001(出生网格 001)命令，在 Particle View(粒子视图)右侧打开 Birth Grid 001(出生网格 001)的参数设置卷展栏，将 Grid Size(网格尺寸)的参数值设置为 10.0，如图 6-71 所示。

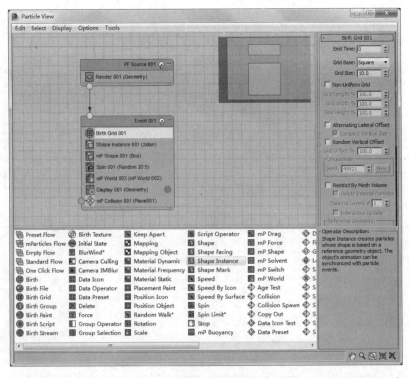

图 6-71　在 Birth Grid 001(出生网格 001)的参数设置卷展栏中设置 Grid Size(网格尺寸)的参数值

(53) 在 Particle View(粒子视图)下方的命令组中单击选择 Rotation(旋转)命令，将 Rotation(旋转)命令拖曳至 Event 001(事件 001)节点中，子弹在下落的过程中产生了真实的旋转效果，如图 6-72 所示。

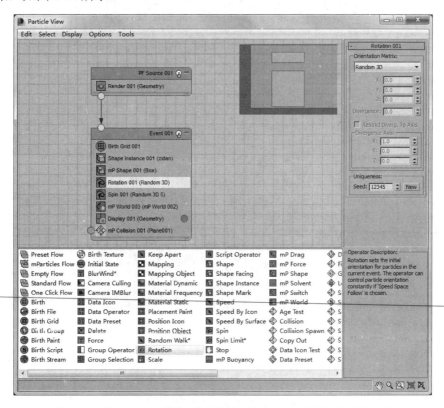

图 6-72　将 Rotation(旋转)命令拖曳至 Event 001(事件 001)节点中

(54) 在场景中选择作为地面的 Plane(平面)模型，单击按钮 进入设置命令面板的 Modify(修改)设置选项卡，在 Modify(修改)设置选项卡中单击 Modifier List(修改器列表)向下的按钮，选择 PFlow Collision Shape(粒子流碰撞图形)修改器，单击 Parameters(参数)设置卷展栏中的 Activate(激活)按钮，激活粒子流的碰撞属性，如图 6-73 所示。

(55) 单击 Event 001(事件 001)节点中的 mP Collision 001(粒子流碰撞 001)命令，在 Particle View(粒子视图)右侧打开 mP Collision 001(粒子流碰撞 001)命令的参数设置卷展栏，在 Deflectors(导向器)项目栏下单击 Add(添加)按钮，将 Plane(平面)模型添加进来，如图 6-74 所示。

(56) 单击工具栏中的渲染设置按钮 ，打开 Render Setup(渲染设置)参数设置对话框，单击进入 Renderer(渲染)选项卡，在 Camera Effects(摄影机效果)参数设置卷展栏下，勾选 Camera Shaders(摄影机明暗器)项目栏下的 Lens(镜头)选项，单击 Lens(镜头)右侧贴图通道的 None 按钮，在弹出的 Material/Map Browser(材质/贴图浏览器)对话框里选择 Depth of Field/Bokeh(景深)材质类型，如图 6-75 所示。

3ds Max 2016 动画设计案例教程

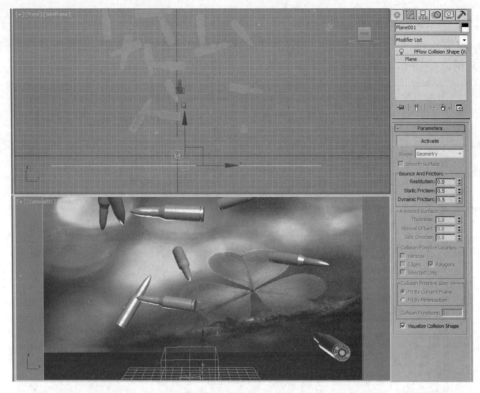

图 6-73　单击 Parameters(参数)设置卷展栏中的 Activate(激活)按钮激活粒子流的碰撞属性

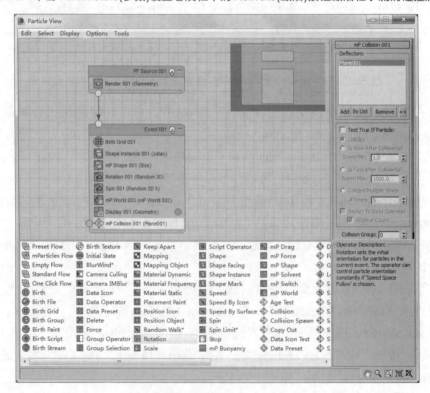

图 6-74　在 Deflectors(导向器)项目栏下单击 Add(添加)按钮将 Plane(平面)模型添加进来

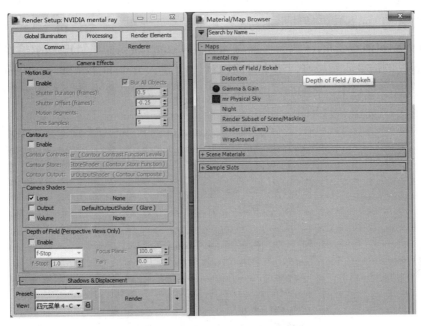

图 6-75　在 Lens(镜头)右侧的贴图通道中添加 Depth of Field/Bokeh 材质

(57) 将 Lens(镜头)右侧贴图通道中的 Depth of Field/Bokeh(景深)材质拖曳到 Material Editor(材质编辑器)的第四个材质球上，在弹出的 Instance(Copy)Map(实例/复制贴图)对话框中选择 Instance(实例)的复制方式，单击 OK 按钮，如图 6-76 所示。

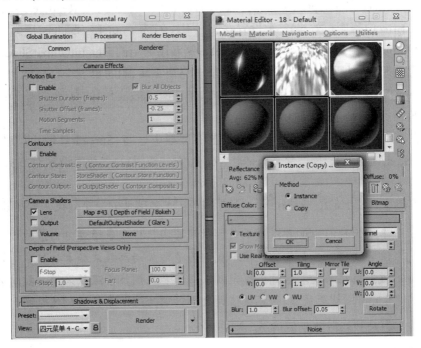

图 6-76　将 Lens(镜头)贴图通道中的 Depth of Field/Bokeh(景深)材质拖曳到第四个材质球上

(58) 进入 Depth of Field Parameters(景深参数)设置卷展栏中，将 Focus Plane(聚焦距离)

的参数值设置为 390.0(这个参数值要与摄影机的目标点距离的参数值相一致)，将 Radius of Confusion(模糊扩散程度)的参数值设置为 3.0，将 Samples(模糊质量)的参数值设置为 64(这个参数值越高，渲染质量越好，渲染时间也越长)。进入 Bokeh(Blur Shape) Parameters(模糊高光参数)设置卷展栏中，将 Blade Count(页片数)的参数值设置为 6(这个参数值控制镜头快门的页片形状)，如图 6-77 所示。

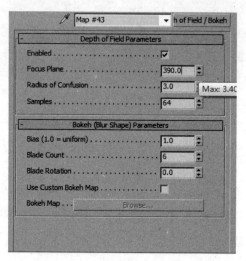

图 6-77　在 Depth of Field Parameters(景深参数)设置卷展栏中设置相关参数

(59) 打开 Render Setup(渲染设置)参数设置对话框，单击进入 Renderer(渲染)选项卡，在 Camera Effects(摄影机效果)参数设置卷展栏下，勾选 Camera Shaders(摄影机明暗器)项目栏下的 Output(输出)选项，将 Output(输出)右侧贴图通道的 DefaultOutputShader(Glare)(默认辉光输出明暗器)材质拖曳到 Material Editor(材质编辑器)的第五个材质球上，在弹出的 Instance(Copy)Map(实例/复制贴图)对话框中选择 Instance(实例)的复制方式，单击 OK 按钮，如图 6-78 所示。

(60) 在 Glare Parameters(辉光参数)设置卷展栏下，将 Spread(扩散)的参数值设置为 2.0，勾选 Streaks(射线)选项，将 Streaks Weight(射线权重)的参数值设置为 0.3，如图 6-79 所示。

(61) 单击工具栏上的渲染按钮 ，查看超写实子弹落地的渲染效果，如图 6-80 所示。

提示：　本案例我们为读者讲述了电影级超写实机枪金属子弹自由落地效果的制作方法与技巧，在制作的过程中我们为了增加动画效果的真实性，为场景添加了摄影机景深效果与镜头辉光效果，读者在调节景深效果的参数时要特别注意 Samples(模糊质量)的参数值的大小，因为这个参数的数值越高，渲染质量越好，但同时相应的渲染时间也越长。

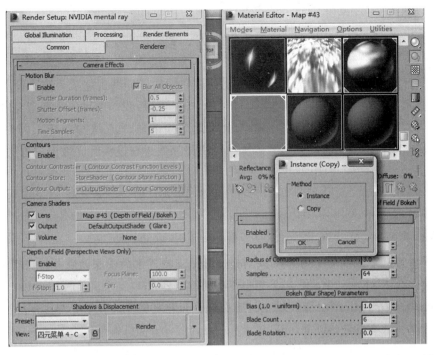

图 6-78　在 Output(输出)贴图通道中添加 DefaultOutputShader(Glare)(默认辉光输出明暗器)材质

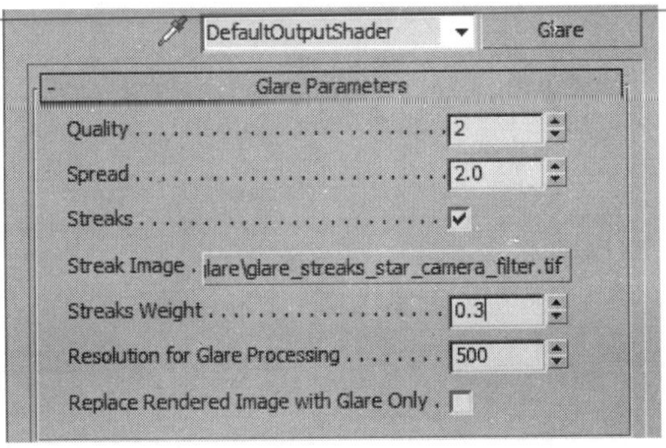

图 6-79　在 Glare Parameters(辉光参数)设置卷展栏下设置相关参数

图 6-80　超写实子弹落地的渲染效果

本 章 小 结

本章讲述了渲染输出及"渲染设置"对话框的结构，详细讲述了"渲染设置"对话框中的参数设置项目与安装 V-Ray 渲染器插件的方法。最后我们通过一个小型案例实训，详细讲述了电影级超写实机枪金属子弹自由落地效果的制作方法与技巧，同时介绍了在 Mental Ray 渲染器中为三维动画场景添加摄影机景深效果与镜头辉光效果的方法。

习　　题

简答题

1. 如何为一个三维动画场景添加 Mental Ray 渲染器中的景深效果与镜头辉光效果？
2. 默认在 3ds Max 2016 中包含哪些类型的渲染器？
3. Render To Texture 功能和烘焙材质在动画和游戏制作过程中有哪些作用？
4. 请概述网络渲染的设置流程。

参考文献

[1] 李铁，张海力. 动画场景设计[M]. 北京：清华大学出版社，2006.

[2] 王乃华. 动画编剧[M]. 北京：清华大学出版社，2007.

[3] 母健弘. 数字绘画基础教程[M]. 上海：华东师范大学出版社，2015.

[4] 李文杰，李铁. 三维动画特效[M]. 北京：清华大学出版社，2013.

[5] 张迺刚，崔弘烨. 超写实建筑效果图表现技法[M]. 北京：人民邮电出版社，2013.

[6] 理查德·约特. 视觉艺术用光[M]. 杭州：浙江摄影出版社，2012.